Du même auteur chez Talma Studios :

– *L'Arme environnementale* ;

– *Guerre en Ukraine, la responsabilité criminelle de l'Occident, nos options pour stopper la crise* ;

– *Le Mystère des cartes anciennes - Ces anomalies extraordinaires qui remettent en question l'histoire de l'humanité* ;

– *Le FBI, complice du 11 Septembre* ;

– *418 Milliards, la fraude de la grande distribution avec la complicité des élus et de l'Administration*, avec Martine Donnette et Claude Diot ;

– *Géopolitique des cryptomonnaies*, avec Nancy Gomez.

ISBN : 978-1-913191-53-5

Talma Studios International
Clifton House, Fitzwilliam St Lower
Dublin 2 – Ireland
www.talmastudios.com
info@talmastudios.com

© All rights reserved. Tous droits réservés.

Patrick Pasin

L'ARME CLIMATIQUE

La manipulation du climat par les militaires

Troisième édition

Table des matières

	Page
Introduction	5
Chapitre 1 – Le temps des pionniers	9
Chapitre 2 – Le temps de l'industrie	41
Chapitre 3 – Le temps des militaires	57
Chapitre 4 – Le temps des conventions	83
Chapitre 5 – Le temps des scénarios	107
Chapitre 6 – Le temps des ondes	115
Chapitre 7 – Le temps des chemtrails	139
Conclusion – Le temps des catastrophes	163
Postface	183
Annexe : Les civils aussi...	187
Bibliographie	195

Introduction

> War is War. The only good
> human being is a dead one.[1]
> George Orwell
> Animal Farm

Aussi loin que remonte la mémoire des hommes, il apparaît que la plupart des civilisations et des ethnies sur tous les continents ont développé des rites pour tenter de modifier le temps, que ce soit pour générer de la pluie, détourner les orages, empêcher la grêle...

À ces pratiques considérées comme primitives ont succédé des techniques scientifiques, utilisées aujourd'hui dans de nombreux pays, souvent à l'insu des populations. Ainsi, quelques mois avant les Jeux Olympiques de 2008, les Chinois annoncent que la pluie ne perturbera pas le déroulement des épreuves. Comment le savent-ils ? Parce qu'ils déclencheront des opérations de modification du temps pour faire pleuvoir avant que les nuages atteignent Pékin.

C'est probablement la première fois que le grand public entend parler de ces techniques sur une échelle aussi vaste que ce que pratique la Chine. En effet, le nord du pays est frappé par des sécheresses à répétition qui accélèrent la désertification. La pluie est si vitale que près de 50 000 Chinois[2] travailleraient désormais à la déclencher artificiellement, car les autorités exigent que 60 000 000 000 m^3 d'eau tombent chaque année.

La méthode principale consiste à ensemencer les nuages avec des substances chimiques, essentiellement de l'iodure d'argent, répandues au moyen d'avions, de fusées ou de générateurs au sol. Mais la Chine n'est pas le seul pays à se livrer à la modification du temps. Voici la liste non exhaustive de ceux qui pratiquent ou ont pratiqué ce type d'opérations, à quelque niveau que ce soit (fédéral, national, régional, commercial...) : l'Afrique du Sud, l'Algérie, l'Allemagne, l'Argentine, l'Australie, le Brésil, le Burkina Faso, le Canada, la Chine, le Congo, la Corée, Cuba, les Émirats Arabes Unis, l'Espagne, les États-Unis, la France, la Grèce, Hong-Kong, la Hongrie, l'Inde, l'Iran, Israël, l'Italie, le Japon, la Jordanie, le Kenya, la Libye, Madagascar,

---
1. « À la guerre comme à la guerre. Il n'y a d'être humain bon que mort. » George Orwell, *La Ferme des animaux*.
2. *USA Today*, 29 février 2008.

la Malaisie, le Mali, le Maroc, le Mexique, la Nouvelle-Zélande, l'Ouganda, le Pakistan, Panama, les Pays-Bas, le Pérou, les Philippines, le Royaume-Uni, la Russie, la Serbie, la Suède, la Suisse, le Sénégal, Taïwan, la Thaïlande, la Tunisie...

Au total, l'Organisation météorologique mondiale recense plus d'une centaine de projets sur la planète. Dans ces pages, toutefois, nous ne nous intéresserons pas aux opérations civiles, car même si des superficies gigantesques y sont soumises (c'est, par exemple, près de 30 % de la surface du Texas, soit environ 200 000 km^2), les conséquences sont mineures par rapport à ce que font les militaires, qui ne se contentent plus depuis longtemps de seulement faire la pluie et le beau temps.

Face au silence des politiques, des ONG et même d'animateurs de télévision pourtant proclamés défenseurs de la planète, il est temps d'informer le public sur ce que trament les militaires dans son ciel. Et qui n'est pas sans répercussion sur Terre, notamment en termes de santé et d'environnement.

Officiellement, ils ne pratiquent pas ces opérations, car elles sont interdites par la Convention Enmod, que nous présentons et analysons dans le chapitre 4. Peut-on pour autant croire que les militaires ont abandonné l'arsenal qu'ils développent depuis plusieurs décennies et plus d'un siècle dans certains cas, alors même qu'ils disposent aujourd'hui d'installations d'une puissance sans équivalent ?

C'est ce que nous étudierons dans le dernier chapitre, avec une douzaine de catastrophes « naturelles » qui se sont produites sur les trente dernières années.

Donc bienvenue dans cette histoire secrète qui dure depuis bientôt un siècle. Au moins, si le ciel devait un jour nous tomber sur la tête, nous en connaîtrons la cause.

La Chine vers un climat artificiel ?

Le 2 décembre 2020, le Conseil d'État (State Council) de la République populaire de Chine annonce sur son site en anglais avoir émis une circulaire visant à la mise en place de « mesures pour le développement de la qualité de la modification du climat ».[3] Le document indique que « d'ici 2025, la Chine disposera d'un système développé de modification du climat, avec des percées en recherche fondamentale et en R&D dans les technologies clés, des améliorations constantes dans l'utilisation des services et la prévention globale des risques, ainsi que pour l'optimisation des systèmes et des politiques en matière environnementale ».

Les opérations concernant les précipitations artificielles s'étendront sur une superficie de plus de 5,5 millions km^2, soit presque la moitié de la Chine ou dix fois la France métropolitaine, tandis que la lutte contre la grêle couvrira 580 000 km^2, c'est-à-dire plus que la taille de l'hexagone.

Les objectifs annoncés sont, comme toujours en la matière, de nature purement civile, mais *The Guardian* constate ceci dès le lendemain de la publication de la circulaire : « Mais l'élargissement proposé est d'une ampleur qui pourrait affecter les schémas climatiques régionaux. Le cabinet a déclaré qu'il voulait étendre le programme de pluie et de neige artificielles pour couvrir au moins 5,5 millions de km^2 d'ici 2025. Le plan à long terme prévoit que d'ici 2035, les capacités de modification du climat du pays atteindront un niveau « avancé » et se concentreront sur la revitalisation des régions rurales, la restauration des écosystèmes et la minimisation des pertes dues aux catastrophes naturelles.

Il fait suite à un renforcement rapide des capacités au cours des dernières années. Un plan pour 2017 a prévu 168 millions de dollars (1,15 milliard de yuans) pour quatre nouveaux avions, huit bateaux modernisés, 897 lance-roquettes et 1 856 dispositifs de contrôle numérique, afin de couvrir 370 000 miles (960 000 km^2), soit environ 10 % du territoire chinois.

---

3. *China to forge ahead with weather modification service*, The State Council, english.www.gov.cn/policies/latestreleases/202012/02/content_WS5fc76218c6d0f7257694125e.html.

Une partie de ce projet consiste en un nouveau système de modification du temps sur le plateau du Qinghai-Tibet, la plus grande réserve d'eau douce d'Asie. Les scientifiques chinois travaillent sur l'ambitieux plan Tianhe (*Fleuve du ciel*), qui vise à détourner la vapeur d'eau vers le nord, du bassin du Yangtze à celui du fleuve Jaune, où elle deviendrait précipitations.

Ils déclarent avoir trouvé des canaux potentiels près de la limite de la troposphère qui pourraient transporter 5 milliards de mètres cubes d'eau par an. La China Aerospace Science and Technology Corporation aurait construit des centaines de « chambres » dans cette région montagneuse – connue comme le château d'eau de l'Asie – pour alimenter l'atmosphère en iodure d'argent en grandes quantités.

Cette tentative d'hydro-ingénierie du ciel pourrait atténuer les pénuries dans le nord sec de la Chine, mais pourrait exacerber les problèmes en Asie du Sud-Est et en Inde si elle affectait le débit du Mékong, du Salouen ou du Brahmapoutre – qui prennent tous leur source sur le plateau du Qinghai-Tibet.[4]

Avant même la dernière annonce, des sites web indiens ont spéculé sur le fait que la Chine est en train de transformer le climat en arme et pourrait déjà perturber les régimes pluviaux. Il existe peu de preuves crédibles, mais la Chine ne serait pas la seule à tenter de modifier le temps à des fins stratégiques. »[5]

Il paraît improbable que la Chine puisse tenter de priver l'Inde et l'Asie du Sud-Est de ressources précieuses en eau, d'autant plus qu'il existe d'autres solutions.

Et contrairement à ce qu'écrit le journaliste du *Guardian*, nous allons montrer dans les pages suivantes qu'il existe une multitude de « preuves crédibles » en matière de modification du climat comme arme de guerre – il suffit de lire les rapports militaires. Commençons toutefois par une rapide présentation historique de la modification du temps.

---

4. Le Qinghai est une région à l'ouest de la Chine et au nord du Tibet, dont le nom provient du lac Qinghai, l'un des plus grands lacs salés au monde, d'une superficie d'environ 4 500 km², sur plus de 100 km de longueur et environ 67 km de largeur. Situé à 3 200 m d'altitude, il se réduit progressivement au fil des années.
5. *China plans rapid expansion of 'weather modification' efforts*, Jonathan Watts, The Guardian, 3 décembre 2020.

Chapitre 1

Le temps des pionniers

> It occurred to me at once,
> that this was the lever with which
> the meteorologist was to move the world.
> James Pollar Espy (1841)[6]

Les Grecs, déjà...
L'une des plus anciennes relations d'une interaction possible entre le climat et le champ de bataille date de Thucydide (né vers 465-460 avant J.-C. et mort entre 399 et 396). Dans *La Guerre du Péloponnèse*,[7] il raconte que les Péloponnésiens, « afin d'éviter un siège long et coûteux » de la ville de Platée, « décidèrent de faire d'abord une tentative avec le feu et de voir s'il ne serait pas possible de profiter du vent pour incendier la ville qui était de dimensions modestes ». Ils se mettent en grand nombre à l'ouvrage, qui est exécuté rapidement :

> Puis ils jetèrent du soufre et de la poix enflammée et mirent ainsi le feu aux fagots, provoquant un incendie d'une violence extraordinaire. Jamais on n'en avait vu de semblable – allumé du moins par des hommes [...]. À l'intérieur même de l'enceinte, toute une partie de la ville devint un moment inaccessible et si le vent s'était levé et avait soufflé dans la direction prévue par les assaillants, les assiégés n'auraient pu éviter la catastrophe. Mais le vent ne se leva pas et l'on raconte même qu'une violente averse survint, accompagnée de tonnerre et qu'elle éteignit l'incendie, écartant le danger.

Nous sommes au IVe siècle avant Jésus-Christ, Thucydide ne peut encore établir de lien de cause à effet entre le feu et la pluie : pour les Grecs, c'est Zeus qui rassemble les nuages, déclenche la pluie et la foudre.

---

6. « Il m'apparut immédiatement que ce serait le levier avec lequel les météorologues allaient soulever le monde. »
7. Thucydide, *La Guerre du Péloponnèse*, Folio Classique.

Tonnerre contre flèches

Hérodote (né vers 484-482 avant J.-C. et mort en 425) rapporte dans *L'Enquête* que « ces mêmes Thraces tirent aussi des flèches contre le ciel, quand il tonne et qu'il éclaire, pour menacer le dieu qui lance la foudre, persuadés qu'il n'y a point d'autre dieu que celui qu'ils adorent [Zalmoxis] ». Hérodote n'en dit pas plus sur les pratiques thraces, mais il est logique de supposer que ces tirs de flèches ont pour objet de faire cesser le trouble.

Les Gaulois aussi tirent à l'arc contre le ciel lorsque arrive l'orage (cf. illustration). Il s'agit donc de premiers liens conscients entre des actes guerriers et leurs conséquences sur les conditions climatiques.

(coll. de l'auteur)

D'antiques pluies frappantes

Chez les Romains, où Jupiter est l'équivalent de Zeus, se succèdent des événements météorologiques surprenants. Dans son *Histoire naturelle*, livre II, Pline l'Ancien (23-79) constate :

> Il se passe encore d'autres phénomènes dans le ciel inférieur. Les monuments historiques rapportent qu'il est tombé des pluies de lait et de sang sous le consulat de Manius Acilius et de C. Porcius, et dans beaucoup d'autres circonstances.

Pline non plus ne peut établir de lien de cause à effet entre l'homme et ces pluies étranges, y compris avec les autres pluies encore plus étonnantes qu'il rapporte :

– « des pluies de chair, sous le consulat de P. Volumnius et de Servius Sulpicius » ;

– « des pluies de fer dans la Lucanie, l'année qui précéda celle où M. Crassus fut tué par les Parthes, et avec lui tous les soldats lucaniens, dont il y avait un grand nombre dans l'armée : le fer qui tomba avait l'aspect spongieux ; les aruspices annoncèrent que des blessures venant d'en haut étaient à craindre. » ;

– « Sous le consulat de L. Paulus et de C. Marcellus, il y eut une pluie de laine autour du château de Carissa, auprès duquel, l'année suivante, T. Annius Milon fut tué. Pendant le procès de ce même personnage, il y eut une pluie de briques cuites. »

Malheureusement, Pline est un peu lapidaire dans ses explications. Nous aurions aimé en savoir plus, particulièrement sur cette pluie de briques cuites. À défaut, nous ne pouvons que recommander à nos lecteurs la plus grande prudence si ce phénomène devait se reproduire.

Les dieux à l'œuvre...
Il semble que Plutarque (40-120) soit le premier à nous avoir laissé la trace d'interrogations sur le lien direct entre l'homme et le climat. Voici ce qu'il écrit dans *Vies parallèles* (*Vie de Marius*) : « On dit aussi, avec beaucoup de vraisemblance, que les grandes batailles sont presque toujours suivies de pluies abondantes : soit qu'un dieu bienfaisant, pour laver et purifier la terre, l'inonde de ces eaux pures qu'il lui envoie du ciel, ou que l'air, qui s'altère facilement et éprouve de plus grands changements pour la plus légère cause, se condense par les vapeurs humides et pesantes qui s'exhalent du sein de cette corruption. »

La guerre et le climat sont donc associés dès l'Antiquité.

La superstition à l'œuvre...
En 743, Carloman, le fils aîné de Charles Martel et frère de Pépin le Bref, réunit le concile de Leptines (région du Hainaut), dans le but notamment de mettre fin à des pratiques païennes non compatibles avec la religion catholique. Le chapitre 22 de « l'ordre du jour » *Indiculus su-*

perstitionum et paganinarum est intitulé « De la conjuration des tempêtes, des cornes et des limaçons ». Il sera désormais interdit d'utiliser toute pratique qui viserait à empêcher les tempêtes, d'où nous déduisons, logiquement, que ces pratiques existaient auparavant. Quant aux cornes et aux limaçons, nous avouons ne pas savoir l'usage qu'il convient de ne plus en faire, en tout cas il semble avoir disparu depuis.

Le concile de Leptines ne suffira pas, car les superstitions sont définitivement tenaces. Dans son étude de 1901 intitulée *Le tir au canon contre la grêle*, Jean-Raymond Plumandon raconte qu'au « VIIIe siècle, on plantait de hautes perches dans les champs pour écarter la grêle et les orages. On n'obtenait un bon résultat que si ces perches étaient surmontées de certains parchemins qui devaient porter des caractères magiques ».

Charlemagne, par un capitulaire de 789, tenta d'y mettre fin, considérant qu'il s'agissait de pratiques superstitieuses inacceptables.

L'empire carolingien ne détenait pas le monopole européen de la superstition, puisque Olaus Magnus (1490-1557), religieux suédois, rapporte que ses compatriotes considéraient qu'un orage signifiait que les dieux étaient attaqués et que, pour les aider, il fallait tirer des flèches en l'air et frapper avec de grands marteaux sur des blocs de métal destinés à cet usage.

Les cloches à l'œuvre...

J. R. Plumandon poursuit son exposé historique des moyens de lutte contre la grêle :

> Mais en France, depuis le début du XVIIIe siècle, c'était surtout avec le son des cloches qu'on luttait contre les orages et la grêle, et ce moyen, sans doute parce qu'il n'est pas coûteux, s'est conservé jusqu'à nos jours [1901] dans bien des villages. Les habitants des communes qui l'emploient encore lui attribuent d'ailleurs une telle influence protectrice qu'ils ne sont pas arrêtés par les nombreux exemples de sonneurs foudroyés. Le plus mémorable accident qui s'y rapporte est cité par Arago dans sa *Notice sur le Tonnerre*. Pendant la nuit du 15 au 16 avril 1718, un terrible orage éclata en Bretagne, dans le canton de Saint-Pol-de-Léon. La superstition relative au pouvoir des cloches étant très répandue dans le pays qui pos-

sédait un grand nombre de monastères, on sonna le tocsin presque partout ; mais il y eut vingt-quatre églises dont les clochers furent frappés par la foudre. Le danger auquel on s'expose en sonnant les cloches d'une église pendant un orage est accru par ce fait que les chutes de foudre s'opèrent fréquemment sur les édifices élevés et sur les objets métalliques.

Après un tel avertissement, nous ne pouvons que recommander à nos lecteurs d'éviter de sonner les cloches par temps d'orage.

Le canon à l'œuvre...

L'attribution de cette invention, dont l'humanité ne saura plus se passer, n'est pas certaine. Pour la plupart des historiens, c'est le moine franciscain et chimiste allemand Berthold Schwartz (mort vers 1384) qui en serait l'inventeur, inspiré par Marco Polo (1254-1324) relatant l'utilisation de la poudre noire par les Chinois. Pour d'autres, le mérite en revient au grand savant anglais Roger Bacon (1214-1294). Quel qu'en fut l'inventeur, c'est donc au cours du XIVe siècle que le canon voit le jour en Occident.

Il faut attendre un peu plus d'un siècle et la Renaissance pour en trouver une utilisation... climatique. C'est en lisant les mémoires de Benvenuto Cellini (1500-1571) que nous avons découvert la plus ancienne relation d'une modification militaire volontaire du temps recensée à ce jour. Le célèbre orfèvre explique que les explosions peuvent expressément causer la pluie et qu'il en a expérimenté le principe lors d'une visite princière :

> Je savais de source absolument sûre qu'il y avait auprès de cette grande princesse nombre de mes amis, venus de Florence avec elle. Je savais encore qu'elle m'avait accordé sa protection, grâce au gouverneur du château. Celui-ci avait en effet parlé au pape en ma faveur, et lui avait dit que, le jour de l'entrée de la duchesse à Rome, j'avais empêché un dégât de plus de mille écus que menaçait de causer une grosse pluie. Ce danger, déclarait-il, l'avait mis au désespoir, mais je lui avais rendu courage, et il racontait que j'avais braqué plusieurs grosses pièces d'artillerie du côté où les nuages étaient le plus épais et commençaient déjà à se résoudre en torrents ; dès que les pièces avaient eu tiré, la pluie s'était arrêtée,

et à la quatrième décharge le soleil s'était montré, de sorte que j'avais été cause, à moi seul, que la fête s'était si bien passée.[8]

Le lecteur aura noté la modestie de B. Cellini, qui ne nous révèle pas si ce fut une inspiration subite ou s'il tenait ce savoir de quelque audacieux général, d'autant plus qu'il est orfèvre, pas homme de guerre. En tout cas, il est définitivement écrit que le canon peut faire la pluie et le beau temps.

Le tir puis la perche à l'œuvre...
L'abbé Richard, dans sa monumentale *Histoire naturelle de l'air et des météores*, relate que

> vers la fin du XIXe siècle, le comté de Chamb, en Bavière, fut ravagé par la grêle et les orages, excepté dans les localités où on avait la coutume de tirer, aux premiers coups de tonnerre, des décharges multipliées de fusils, de mortiers et de petits canons.
>
> La même habitude existait aussi en Italie et en Autriche. Mais, pour mieux atteindre leur objectif, les paysans chargeaient et bourraient tellement leurs fusils et leurs canons, que ceux-ci éclataient assez souvent, blessant ou tuant les artilleurs plus ou moins improvisés qui les servaient. Les accidents devinrent bientôt si nombreux que l'empereur Joseph II dut interdire cet usage, sans doute moins efficace que dangereux.
>
> Un peu plus tard, en Italie et en France, furent employées sous le nom de paragrêles de très longues perches établies à grand frais. Les plus habiles plaçaient au sommet de chaque perche une pointe de cuivre qu'ils mettaient en communication avec le sol par un fil métallique ; d'autres supprimaient la pointe et conservaient le conducteur ; d'autres enfin, par économie, plantaient la perche toute seule, sans accessoires. Mais, malgré ces différences essentielles, la perche avait la réputation de réussir partout également, et jamais, disait-on, une vigne ainsi armée contre les orages n'avait été grêlée.[9]

À bon entendeur...

---
8. *La Vie de Benvenuto Cellini écrite par lui-même*, Benvenuto Cellini, Julliard.
9. Cité par Jean-Raymond Plumandon, *Le Tir au canon contre la grêle*, 1901, météorologiste à l'observatoire du Puy-de-Dôme.

L'invention qui fait du bruit

L'Italie reste à la pointe du combat, puisqu'en 1880, un professeur de minéralogie dont le nom ne nous est pas parvenu, explique qu'il est possible d'empêcher la formation des grêlons en injectant dans les nuages des particules de fumée qui serviront de noyaux de condensation. Jusqu'alors, toutes les tentatives, que ce soit avec les cloches, les fusils ou le canon, partaient de l'idée que c'est le bruit qui empêche la grêle, tandis que cette théorie propose pour la première fois une cause chimique. À la différence des autres méthodes, il serait même possible d'agir avant que ne se déclenchent les orages, en diminuant ainsi les risques de destruction des récoltes.

C'est en Autriche que l'idée sera testée et mise en œuvre de façon quasi industrielle par Albert Stiger, vigneron et maire de Windisch-Feistritz. Après plusieurs années d'essais, il termine en 1895 la mise au point d'un canon à grêle de forme évasée (cf. illustration Liebig), qui expédie de la fumée à plus de trois cents mètres de hauteur.

Un test grandeur nature est effectué avec six canons lors de la saison de grêle de 1896. Le résultat est tellement spectaculaire qu'est lancée la fabrication de trente canons supplémentaires pour l'année suivante. De nouveau, la grêle ne frappe pas, tandis qu'elle dévaste les régions voisines. Deux années de test supplémentaires prouvent le succès de la technique et les commandes affluent de toute l'Europe.

L'activité prend tellement d'importance qu'est organisé un Congrès international de défense contre la grêle, dont Lyon abrite en novembre 1901 la troisième édition, avec la présence de près de deux mille congressistes de nombreux pays, et la présentation de différents modèles de canons. Jean-Raymond Plumandon, auteur cité ci-dessus, en sera l'un des rapporteurs.

Les gouvernements français, italien, autrichien et suisse suivent le mouvement en créant des stations de tir au canon contre la grêle. En 1900, rien que l'Italie du Nord en compte plus de quinze mille. Effectivement, la grêle cause alors de tels dégâts que toute solution présentant un peu d'efficacité est immédiatement soutenue et adoptée. D'ailleurs, elle reste toujours l'un des problèmes majeurs de l'agriculture européenne, malgré les solutions d'aujourd'hui.

Le développement du canon à grêle va diminuer à partir de 1905, pour disparaître totalement quelques années plus tard. La principale raison est que l'efficacité n'est pas absolue, des vignobles étant détruits malgré les tirs. Pourtant, les résultats furent souvent au rendez-vous, ce dont attestent de multiples témoignages dans les pays qui s'équipèrent, y compris émanant d'autorités et d'institutions officielles. Mais, comme à chaque fois en matière de modification du temps, il est quasiment impossible de prouver quoi que ce soit de manière scientifique.

Une autre raison de l'abandon de cette technique pourrait provenir du fait que les marchands de canons s'en désintéressèrent progressivement pour se tourner vers un marché plus lucratif, avec la tragédie qui se préparait et ravagerait l'Europe autrement que la grêle.

(coll. de l'auteur)

Enfin l'Amérique !

Entre les deux continents, il n'y a jamais qu'un océan à traverser, et c'est donc dès le milieu du XIXᵉ siècle qu'apparaissent aux États-Unis les premiers rainmakers ou « faiseurs de pluie ». Cette corporation nouvelle connaîtra un âge d'or qui se terminera peu ou prou avec la grande crise de 1929.

La plupart des États de l'ouest et du sud sont confrontés à des sécheresses qui durent jusqu'à plusieurs années, avec des conséquences dramatiques pour l'agriculture. Les fermiers, ainsi que les autorités, sont donc prêts à tout, ou presque, pour quelques gouttes de pluie. D'autant plus que beaucoup de deals avec les rainmakers sont assortis d'une clause de résultat : le client ne paye la prestation que si tombe la pluie, ce qui favorise évidemment le business, le client ayant tout à gagner sans prendre de risque financier.

Pour satisfaire la demande qui s'amplifie, les faiseurs de pluie se multiplient et perfectionnent progressivement les techniques de rainmaking.

Vive le feu !

L'un des tout premiers rainmakers est James Pollard Espy (1786-1860). Professeur de mathématiques à Philadelphie en 1817, il consacre une partie de son temps libre à la recherche météorologique. Il convainc le parlement de Pennsylvanie, pour chaque comté, d'équiper des observateurs avec des baromètres, des thermomètres et autres instruments météorologiques, afin de suivre tout particulièrement les précipitations.

Il développe une théorie des orages en 1836 qu'il présente devant l'American Philosophical Society (fondée en 1743 par Benjamin Franklin). Une communication est organisée aussi à l'Académie des sciences à Paris. Voici ce qu'en dit Espy dans l'introduction de son livre *Philosophy of Storms* publié en 1841 :

> J'ai fait du *Rapport* remis à l'Académie des sciences en France une partie de mon introduction, pas simplement dans le but de montrer au lecteur que j'ai de mon côté les plus hautes autorités, car je ne me soumets pas moi-même à l'autorité, mais pour exposer une belle analyse de ma théorie par trois philosophes parmi les plus distingués d'Europe.

Les philosophes en question sont François Arago, Claude Pouillet et Jacques Babinet, qui étaient à l'époque d'éminents savants, que même la « modestie » d'Espy reconnaît.

Au départ, il eut une intuition, mais il relate dans la préface de *Philosophy of Storms* que tout ne fut pas évident :

> Je commençai immédiatement l'étude et l'examen des phénomènes atmosphériques, déterminé à découvrir, si possible, la connexion entre la pluie et la quantité de vapeur dans l'atmosphère, mais plus je collectais des données par mes propres observations ou celles des autres, plus elles devenaient contradictoires et me rendaient perplexe.

Le ciel résiste parfois à livrer ses mystères... Espy finit par établir que l'air chauffé au niveau du sol s'élève puis refroidit, ce qui provoque de la condensation et ensuite de la pluie, de la grêle ou de la neige. Il en conclut que la pluie peut donc être déclenchée artificiellement par un feu de forêt ou d'herbe sèche :

> C'est une opinion généralement admise en plusieurs endroits du pays que là où se déclenchent fréquemment des incendies, ils produisent de la pluie.

La science rejoint l'empirisme, car les Indiens connaissent cette pratique depuis longtemps : ils incendient la prairie lorsqu'ils ont besoin de pluie. Les Jésuites relatent d'ailleurs dès le XVIIIe siècle la même pratique chez les Amérindiens du Paraguay.

À la suite de ses recherches, James P. Espy soumet un plan ambitieux au Congrès, dont « il est prêt à assumer le risque si la récompense en cas de succès est suffisante », qui consiste à déclencher une fois par semaine des feux d'une zone allant des Grands Lacs au golfe du Mexique (soit près de 2 500 km de distance !), afin de purifier l'air de son humidité pour qu'il fasse beau le reste de la semaine. Du beau temps tous les weekends ! De plus, selon lui, cela permettrait de supprimer la grêle, les tornades, les vents violents et certaines maladies... pour le coût de moins d'un cent par citoyen et par an. À ce prix-là, effectivement...

Aussi alléchante soit-elle, les élus du peuple déclinent cette magnifique proposition, qui ne sera donc jamais testée, du moins, à cette échelle.

Cependant, James Pollard Espy a posé les premiers jalons dans l'esprit puritain de l'époque qu'un jour il sera possible de provoquer la pluie et... le Ciel.

Signalons qu'il entrera dans l'histoire comme étant le premier météorologiste employé par le gouvernement américain, via la Navy.

Un livre décisif
Ce qui va définitivement convaincre le public que l'homme peut agir sur le climat, c'est *Man And Nature*, de George Perkins Marsh, publié en 1864. Il recense des modifications du temps observées partout :

Le sujet du changement climatique, qu'il soit considéré ou non comme la conséquence de l'action humaine, a été largement traité par Moreau de Jonnes, Dureau de la Malle, Arago, Humboldt, Fuster, Gasparin, Becquerel, et beaucoup d'autres auteurs en Europe, et par Noah Webster, Forry, Drake, et d'autres en Amérique. Fraas s'est efforcé de démontrer, par l'histoire de la végétation en Grèce, que le défrichage et la culture ont affecté le climat, et que ces modifications climatiques ont profondément modifié le caractère de la vie végétale.

Il cite les travaux de François Arago, membre d'un comité en 1836 pour la rédaction d'un article du Code forestier :

> Si un rideau de forêts sur les côtes normandes et bretonnes était détruit, ces deux provinces deviendraient accessibles aux vents d'ouest, aux douces brises marines, d'où une diminution des températures en hiver.

Évidemment, George Perkins Marsh ne peut ignorer l'auteur du livre *Philosophy of Storm* :

> La suggestion très connue d'Espy de déclencher des pluies artificielles en allumant de grands feux n'est pas susceptible d'être mise en œuvre d'un point de vue pratique, mais les spéculations de ce météorologue compétent ne doivent pas, pour cette raison, être rejetées comme sans valeur. Ses travaux [...] ont incontestablement contribué de façon essentielle au progrès de la science météorologique.

En tout cas, il ne fait plus de doute, après la parution de *Man and Nature*, que l'homme pourra modifier à dessein le climat dans un futur plus ou moins proche. Mais George Perkins Marsh, sentant venir les apprentis-sorciers, met déjà en garde contre les dangers de telles actions :

> L'objet du présent livre est : indiquer la nature et, approximativement, la mesure des changements opérés par l'action humaine dans les conditions physiques du globe que nous habitons ; souligner les dangers de l'imprudence et la nécessité de prudence dans toutes les opérations qui, sur une grande échelle, interfèrent avec les arrangements spontanés du monde organique ou inorganique ; [...].

Vive le canon !
Le mouvement est définitivement lancé, rien ne pourra plus l'arrêter. En 1871, un ingénieur civil du nom d'Edward Powers publie un livre intitulé *War and The Weather, or The Artificial Production of Rain* (*Guerre et temps, ou la production artificielle de pluie*). Il affirme que la plupart des batailles de la guerre du Mexique (1846-1848) puis de la guerre de Sécession (1861-1865) furent suivies de pluie. À partir de ces observations, il développe la théorie des chocs (*concussion theory*) :

> Comme premier exemple de pluie résultat direct d'une bataille, je remonterai à notre guerre avec le Mexique. Cela se produisit à la bataille de Buena Vista, du 22 au 23 février 1847. C'était la saison sèche au Mexique, il n'y avait pas eu de pluie durant des mois avant la bataille et il n'y en eut pas non plus pendant plusieurs mois après. Cependant, trois averses suivirent le premier jour d'engagement, dont deux furent particulièrement remarquables. Le 23, environ une à deux heures après la sévère canonnade qui eut lieu entre 8 et 10 heures du matin, tomba une pluie violente pendant dix à quinze minutes. Après une intense canonnade dans l'après-midi, avec approximativement le même intervalle de temps, il y eut de nouveau une violente averse. Le fait souligné ci-dessus qu'aucune pluie n'est tombée à cet endroit ni avant ni après pendant des mois est presque une preuve positive que non seulement le canon cause la pluie, mais que, de plus, il en apporte à un moment où les conditions atmosphériques sont apparemment défavorables au plus haut point.

Edward Powers cite ensuite d'autres batailles de cette guerre avec le Mexique suivies de pluie, qui pourtant a lieu principalement pendant la saison sèche : la bataille de Palo Alto (8 mai 1846), le siège de Monterey (du 21 au 23 septembre 1846), la bataille de Contreras (19 août 1847), la bataille de Molino del Key (8 septembre 1847), la bataille de Chepultepec (13 septembre 1847...

Il poursuit son exposé par la guerre de Sécession (1861-1865), avec toujours les mêmes constatations, mais, cette fois, grâce à des dizaines de batailles : le canon génère inéluctablement la pluie.

Bien qu'il n'ait pas participé lui-même aux combats, la relation qu'il fait des événements est crédible, car il s'appuie sur deux sources que l'on peut considérer comme fiables :

– les carnets de bord militaires conservés à Washington, qui, entre autres, enregistrent les informations sur le temps et son évolution au cours des batailles ;

– les participants directs. Pour ce faire, il procède par voie de presse : il obtient des articles, comme celui intitulé *Artillery firing and rain* dans le *New York Evening Post*, où il demande leur témoignage aux militaires. En réponse, il recevra des dizaines de lettres de généraux et autres gradés, y compris des extraits de carnets de route ou de journaux personnels, qui lui permettront de confirmer sa théorie.

Au passage, il règle lui aussi le cas du plan de James Pollard Espy, décédé une dizaine d'années plus tôt :

> Causer la pluie par le feu serait un procédé hors de prix. Il faudrait qu'il soit gigantesque et ses effets sur la durée seraient trop variables et incertains. Même le grand incendie qui détruisit Chicago en 1871[10] produisit une pluie tout sauf modérée, mais cet exemple peut à peine être retenu à cause du vent violent qui soufflait […]. Le plan d'Espy cependant, aussi impraticable fût-il, eut le mérite d'être assez proche d'une des voies utilisées par la nature pour générer le résultat en question.

Edward Powers a donc lu James Pollard Espy, certainement George Perkins Marsh, mais peut-être pas Benvenuto Cellini, en tout cas, il est arrivé à la même conclusion. Il est animé toutefois par d'autres motivations, ainsi qu'il l'expose dans son livre :

> En collectant certains faits relatifs à cette question et en les soumettant au public, l'objectif de l'auteur est d'éveiller un intérêt plus général sur le sujet, dans l'espoir que le Congrès puisse en venir à engager des expériences afin de développer le principe naturel qui paraît à l'œuvre, et déterminer s'il ne peut être d'un intérêt pratique pour le pays.
>
> S'il devait être admis, comme cela doit l'être au vu des preuves présentées ici, que les batailles ont produit des modifications du temps, ce serait un sujet éminemment éligible à l'action publique de fournir les moyens d'une enquête sur les conditions sous lesquelles ces modifications peuvent intervenir.

---

10. Il se déclencha dans la soirée du 8 octobre 1871 et fut maîtrisé au matin du 10. Environ trois cents personnes périrent et plus de 100 000 se retrouvèrent sans-abri.

Si la foudre, le tonnerre et la pluie ont été provoqués par l'action de l'homme alors que n'étaient recherchés qu'effusions de sang et carnages, ils peuvent de toute évidence être reproduits sans ces contingences.

Et lorsque nous considérons l'immense bénéfice qui découlerait du pouvoir assuré d'une méthode définie pour causer la pluie à volonté – le pas puissant qui serait ainsi effectué par l'homme vers le contrôle complet de la nature auquel il aspire –, la stricte possibilité qu'un tel pouvoir, jusqu'à aujourd'hui considéré comme une prérogative de la seule Divinité, soit à portée, devrait être suffisant pour conduire à une enquête sérieuse sur la vérité du sujet, et à une investigation quant aux moyens les plus économiques et efficaces de l'appliquer, s'il devait être trouvé. Pour ce qui est de la raison la plus sérieuse de croire que cette réalisation est possible, j'ai les moyens de le montrer, mais vérifier la théorie d'un tel pouvoir et déterminer ses limites et ses conditions ne peut qu'être effectué par une série bien préparée d'expérimentations avec de la poudre, des canons et d'autres appareillages.

De telles expériences, quand elles seront faites, parce que sans doute elles le seront un jour, devraient l'être aux frais du public, car ce sera lui qui en bénéficiera en cas de succès. L'art de réguler le climat jusqu'à un certain point, si un tel art devait un jour être maîtrisé, n'est pas du genre de ceux où un brevet devrait jamais être déposé, ni le business monopolisé par un seul individu. La classe agricole, c'est vrai, serait celle qui en bénéficierait le plus directement, mais la prospérité de cette classe, c'est une règle générale, conduit à la prospérité de toutes les autres.

Edward Powers conclut son livre en chiffrant le coût des deux premières expériences à réaliser. Il propose d'utiliser deux cents canons stockés à l'arsenal de Rock Island, Illinois :

Nous pensons qu'avec deux cents pièces de siège de divers calibres et beaucoup de charges en moyenne d'environ cinq kilos de poudre chacune, nous pourrions faire tout le bruit nécessaire pour atteindre le but désiré.

C'est au ministère de l'Agriculture qu'il considère devoir être confiée la responsabilité des expériences, la Défense se bornant « à prêter les canons et à fournir quelques télégrammes sur le climat ».

(en $ de l'époque)	Coût
Montage de 200 pièces de siège à 10 $ pièce	2 000
Transport par chemin de fer des 200 pièces à 40 $ pièce	8 000
40 000 cartouches à blanc à 2,50 $ pièce	100 000
Cinquante tonnes de foin à 12 $ la tonne	600
10 000 détonateurs électriques à 150 $ le mille	1 500
Batterie électrique et fil électrique	500
Équipe de 10 hommes pendant 26 jours à 2,50 $ / jour	650
Équipe de 600 hommes pendant 26 jours à 1,50 $ / jour	23 400
Location des terrains pour les expériences	250
Transport de retour des pièces à l'arsenal	8 000
Démontage et rangement des pièces	2 000
Sous-total	**146 900**
10 % pour les imprévus	14 690
Total pour deux expériences	**161 590**
Coût estimé pour chaque expérience	**80 795**

Même si, d'après Powers, « un tel coût serait insignifiant comparé aux millions de dollars que rapporteraient des pluies au pays », l'expérience ne sera pas tentée. Les autorités ne sont pas encore mûres pour franchir le pas. Probablement la peur du ridicule en cas d'échec et, surtout, le climat religieux dans lequel baigne l'Amérique : modifier le temps revient à se mêler des affaires de Dieu.

De la poudre au ciel
Il faut attendre une dizaine d'années pour que la question revienne appâter le Congrès. Un brevet pour produire de la pluie a été déposé en 1880 par Daniel Ruggles, un ancien officier de l'armée sudiste – les militaires sont définitivement à la pointe du combat lorsqu'il s'agit de modifier le temps ! Son système consiste à faire exploser dans le ciel des cartouches embarquées dans un ballon relié au sol à un fil électrique (cf. illustration). Il presse le Congrès de lui allouer des fonds pour procéder aux premières expériences. Sans succès : les élus continuent de rester sourds à ce type d'explosions, mais plus pour très longtemps.

(coll. de l'auteur)

Le livre d'Edward Powers est réédité en 1890, une vingtaine d'années après la première édition. L'ouest des États-Unis subit alors une sécheresse terrible. Face à la situation catastrophique et après avoir été sollicité à plusieurs reprises, le Congrès, avec le support du sénateur de l'Illinois Farwell, décide, enfin, de débloquer 10 000 $, dont 9 000 $ pour des expérimentations grandeur nature – il aura fallu aux rainmakers cinquante années d'efforts et de pressions diverses pour y parvenir !

Le 27 février 1891, Robert St. George Dyrenforth est choisi par Jeremiah MacLain Rusk, secrétaire d'État à l'agriculture, pour conduire les opérations de pluie artificielle.[11] La plupart des commentateurs s'étonnent de ce choix : certes, l'impétrant a été militaire,[12] mais il n'a pas d'expérience scientifique, ni même de la « pluviculture » ou art de faire pleuvoir. En revanche, il possède des relations politiques... Les voies des ministres, comme celles du Ciel, sont souvent impénétrables.

En présence de Daniel Ruggles et d'une cinquantaine de scientifiques et d'observateurs sont effectués des essais à proximité de Washington à partir de la fin du mois de juin 1891. Le but consiste principalement à tester le matériel, notamment un nouvel explosif composé de chlorate de potassium et de pétrole.

L'expérience réelle aura lieu à Midland, à l'ouest du Texas, dans les Staked Plains, à la frontière avec le Nouveau-Mexique. Outre la sécheresse qui règne dans cette région, le choix est dicté par la mise à disposition gracieuse d'une ferme par un riche industriel de la viande, qui, de plus, s'engage à payer toutes les dépenses sur place.

Le 7 août est déchargé du train tout l'arsenal nécessaire d'explosifs, de bombes, de ballons à hydrogène, de canons et de cerfs-volants. Cet attirail doit permettre le déclenchement d'explosions en l'air et au sol afin de provoquer les précipitations tant désirées.

Le 9 août, Edward Powers se joint à l'expédition et les opérations commencent dans la soirée. Un peu plus de douze heures après les premières détonations, soit le 10 août au matin, la pluie commence à tomber. Pour Robert St. George Dyrenforth et son équipe, c'est gagné ! Les essais continuent, et Dyrenforth et Powers laissent leur équipe poursuivre les opérations à Midland, qu'ils quittent le 27 août, fiers de leur réussite : ils déclarent avoir déclenché douze fois la pluie.

Pourtant, des observateurs critiques, dont le Pr Alexander MacFarlane, physicien et mathématicien à l'université du Texas, qui assistent à quelques expériences, font remarquer que c'est le début de la... saison des pluies, et que le Congrès aurait certainement pu éviter de dilapider l'argent public.

---

11. Une des raisons pour lesquelles le ministère de l'Agriculture fut en charge de cette opération provient du fait que le Congrès créa en 1890 le Bureau du climat civil (« Weather Bureau ») au sein de ce ministère. Son équivalent militaire avait été créé vingt ans plus tôt, en 1870.
12. Il lui est même accolé le grade de « Général », mais nous n'avons pas trouvé à quel titre, car il n'a servi dans l'armée américaine que de 1861 à 1866, et pas à ce niveau-là.

La revue *Scientific American* du 2 janvier 1892 va plus loin encore :

> Presque tous les récits au sujet des expériences récentes de pluie artificielle au Texas apparaissent émanant de ou inspirés par des personnes ayant participé aux événements. Ils furent, dans la plupart des cas, grossièrement exagérés et, dans certains cas, totalement dénués de toute vérité.

Le journaliste reproche à ses confrères, à l'exception des journaux locaux, d'avoir publié des articles dithyrambiques sans s'être déplacés, ainsi qu'il l'expose dans la suite de l'article :

> Le premier compte-rendu apparut dans le *Chicago Herald* et d'autres organes autour du 13 août, en donnant les détails d'une grande réussite pour les opérations du 10 avec des ballons, des cerfs-volant et de la dynamite, qui « furent suivies d'une pluie de six heures, brisant une sécheresse de plusieurs mois ». Le journaliste [de *Texas Farm and Ranch*] était sur place le 14 août et les ballons n'avaient pas encore été sortis des caisses. [...] La première pluie qui tomba dans la région après l'arrivée de la troupe du Gén. Dyrenforth se produisit le 13 août, avant que la moindre expérience ait commencé.

Et le journaliste de *Scientific American* de continuer à détailler les mensonges communiqués à la presse au sujet de cette expédition, qu'il qualifie de « farce coûteuse ».

Cela n'empêchera pas Dyrenforth de remettre un rapport officiel convaincant au Congrès, qui déclare l'expérience concluante et décide de la reconduire l'année suivante. Le choix se porte sur l'État de la Virginie. Les opérations débutent mais se révèlent un fiasco total. Le Congrès se retire définitivement de la pluviculture en 1892.

La technique de la théorie des chocs sera encore utilisée localement à peu près jusqu'en 1914, date à laquelle les canons et autres explosifs seront définitivement réservés aux seuls besoins martiaux.

Source des illustrations : *Scientific American*

Illustration n° 1 : « Le 22 fut effectuée une nouvelle tentative pour gonfler les ballons. [...] L'illustration n°1 fut dessinée à 15 h 00 après six heures de travail, et montre un ballon contenant une petite quantité d'oxygène, ainsi que le général Dyrenforth et le Pr Rosell s'interrogeant pourquoi le système ne marchera pas. »

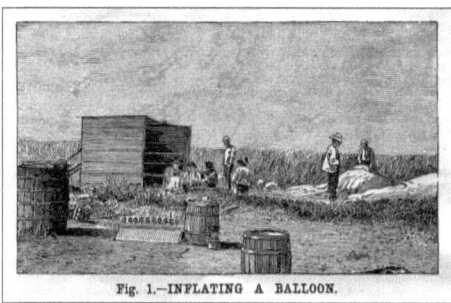

Fig. 1.—INFLATING A BALLOON.

« L'illustration n° 2 représente la même scène prise à 18 h 30, du côté opposé du champ, et montre le même ballon recevant sa charge d'hydrogène et aux deux tiers plein. [...] Le journaliste quitta le ranch à 20 h 30. Le ballon, qui avait lentement absorbé le gaz pendant toute la journée, n'était toujours pas prêt à s'élever. »

Fig. 2.—BALLOON PARTLY FILLED.

« L'illustration n° 3 montre l'une des nombreuses tentatives infructueuses pour faire voler les cerfs-volants. »

Fig. 3.—KITE FLYING EXPERIMENT.

R. G. Dyrenforth

Avec son équipe

Canonnade sur le Japon

Dans *Japanese Rainmaking and Other Folk Practices*,[13] Geoffrey Bownas décrit les rituels ancestraux, essentiellement à base de feu sacré et de prières, que les fermiers japonais utilisaient lorsque la pluie faisait défaut. Il raconte aussi que des paysans de Kyushu savaient que des pluies torrentielles s'abattaient après une grande bataille – n'est-ce pas étonnant de retrouver le même constat sur trois continents ? À moins que le livre d'Edward Powers ait aussi rencontré le succès dans les fermes de Kyushu...

Tandis que la sécheresse dure depuis début juin 1934, ces fermiers s'adressent aux autorités militaires stationnées dans leur district pour qu'elles fassent déclencher des tirs de canon simulant une « grande bataille » :

> L'armée accepta et l'opération eut lieu le 8 juillet : la division Kumamoto fit feu deux cent cinquante fois et, plus au nord, la division Kurume tira environ le même nombre de salves plus trois cents à partir de la montagne. Ces dernières semblent avoir été les plus efficaces, car le 9 juillet un orage violent frappa le nord de Kyushu avant d'atteindre le lendemain le district de Kumamoto.

---

13. *Japanese Rainmaking and Other Folk Practices*, Geoffrey Bownas, George Allen & Unwin Ltd, 1963.

Vive les gaz !

Si l'artillerie semble avoir réussi au Japon, nous avons vu que ce ne fut pas le cas aux États-Unis. Pas de quoi pour autant dissuader les rainmakers, mais ils vont se tourner vers de nouvelles techniques.

Ainsi, le 10 novembre 1891, Louis Gathmann, auteur d'un livre au titre explicite (*Rain produced at Will*[14]), obtient de l'État américain le brevet n° 462795 dont l'intitulé est « Méthode pour produire de la pluie ». Elle consiste à « créer de la condensation dans les régions supérieures de l'air atmosphérique en quantité suffisante pour que se forme un nuage à partir duquel seront générées les précipitations ».

Pour y parvenir, il envisage plusieurs solutions, dont, selon lui, celle qui a le plus de chances de succès consiste à injecter dans l'atmosphère de l'acide carbonique puis à le disperser soudainement au moyen d'une explosion, ce qui aura pour effet de refroidir l'air et donc de faire pleuvoir.

Des expériences seront tentées mais le procédé ne connaîtra pas de développement, faute de résultat. Pourtant, l'idée est intéressante puisque l'industrie arrivera à peu près aux mêmes conclusions cinq décennies plus tard, avec d'autres produits que l'acide carbonique.

Vive la chimie !

La plupart des États du sud et du sud-ouest continuent de subir de terribles sécheresses. Des hommes ingénieux, voire des aventuriers et des charlatans, proposent de nouvelles méthodes basées cette fois sur l'utilisation de produits chimiques. Comme ils sont nombreux, nous ne présenterons que quatre personnages parmi les plus marquants de la « profession ».

Le premier d'entre eux est Franck Melbourne. D'origine irlandaise, il vécut en Australie et en Nouvelle-Zélande avant de rejoindre son frère aux États-Unis, à Canton, dans l'Ohio. Comme le général Dyrenforth, c'est en 1891 que ses opérations de pluviculture le font connaître. Il met au point une composition chimique secrète diffusée à partir d'une machine, dont il déclara qu'elle lui avait coûté quinze mille dollars, somme considérable pour l'époque.

---

14. *Rain Produced at Will* (*De la pluie produite à volonté*), Chicago, 1891.

En juillet 1891, il annonce qu'il déclencherait la pluie un dimanche « à une heure précise », après les matchs de baseball et les courses hippiques. Les paris furent pris et lorsque la pluie tomba comme annoncé, son premier effet fut de gonfler le portefeuille de M. Melbourne de plusieurs milliers de dollars. Ce succès fit grand bruit et il fut surnommé « le Sorcier de la pluie » ou « le Roi de la pluie », d'autant plus qu'il se vanta d'avoir réussi huit tests consécutifs.

Des demandes affluèrent d'un peu partout : du Wyoming, du Nevada, du Kansas, du Colorado, de la Californie, de l'Idaho, du Nebraska, de l'Utah... De nombreux témoignages et articles de presse de l'époque confirment qu'il rencontra quelquefois le succès, dont il n'est pourtant pas évident de lui attribuer la paternité. Sa réputation commença alors à se ternir après plusieurs échecs, notamment lorsqu'il fut découvert que les dates qu'il fixait pour ses opérations correspondaient aux prévisions météorologiques de l'almanach très populaire à l'époque publié par Irl R. Hicks, du Missouri.

Franck Melbourne dura à peu près ce que dure une averse, car il disparut de la circulation dès 1892 (de nouveau comme Dyrenforth) et son corps fut retrouvé dans une chambre d'hôtel qualifié de « sordide » à Denver en 1894. La police conclut au suicide.

Il contribua néanmoins au succès de la profession, puisque plusieurs sociétés commerciales furent créées dès la fin de 1891. La première à voir le jour fut l'Inter-State Artificial Rain Company, sise à Goodland, au Kansas, dont l'objet social consistait « à promouvoir l'agriculture et l'horticulture, et de fournir de l'eau au public en produisant et augmentant les chutes de pluie par des moyens artificiels ».

Goodland devint même la capitale de la pluviculture commerciale, avec la création, en 1892, de deux nouvelles sociétés de pluie artificielle : la Swisher Rain Company of Goodland et la Goodland Artificial Rain Company. Ces entreprises déclarèrent avoir découvert le secret de Franck Melbourne, mais disparurent peu de temps après leur création.

Avant de refermer la page du « Sorcier de la pluie », citons l'extrait d'une lettre en notre possession. Elle est datée du 22 juillet 1892 et fut postée de Wisner, dans le Nebraska. Voici ce que ce père écrit à sa fille Beulah :

... Il a fait très sec pendant tout l'été – plus sec que je ne l'avais jamais vu par ici. Ils ont pensé qu'il était temps de faire quelque chose et ils sont allés chercher M. Melbourne le rainmaker, et il est venu (au nord de Wakefield). Nous l'avons entendu canonner hier. Et puis la nuit dernière est arrivé du sud un gros nuage noir pour voir ce qu'était tout ce cirque. Et je te le dis, Beulah, il a vraiment plu, et il y avait des éclairs et le tonnerre. Aujourd'hui, il fait assez chaud et je pense qu'il repleuvra cette nuit. (cf. original ci-dessous).

> Wisner Neb. July 22 1892
> My Dear Beulah
> I got your letter. I was very glad to get a letter from you. I think you are a pretty nice girl. Do you know what make me think so? It has been very dry here this summer – dryer than ever I saw it here. And then they saw that it was time to be doing something so they sent for Mr. rainmaker Melbourne and he came (N. of Wakefield) We heard him canonading yesterday. So last night a big black cloud came up from the south to see what all the fuss was about. And I tell you Beulah it did rain, and lightning, and thunder. It is pretty hot again today and I think it will rain again tonight. It was so hot here some days that men could not work. One man got sunstroke too.
> Now Beulah you must be a good girl
> From your Papa

(coll. de l'auteur)

Beulah M. Powden
Care W. Sheldon,
Green Co. Brodhead, Wis.

Not Singing in the Rain...

Charles Mallory Hatfield aussi mérite notre attention : sans doute est-il responsable de la première catastrophe naturelle causée par l'homme !

Né vers 1875 au Kansas, ce représentant en machines à coudre se passionne, pendant son temps libre, pour la pluviculture. En 1902, à l'âge de vingt-sept ans, il met au point une composition secrète à base de vingt-trois produits chimiques. Disposée dans de larges citernes, l'évaporation de cette mixture est censée provoquer la pluie.

Deux ans plus tard, Ch. Hatfield déménage pour la Californie et propose ses services de rainmaker par voie de presse. Des fermiers de Los Angeles lui offrent 50 $ en cas de réussite. À la surprise (presque) générale, le succès est au rendez-vous. Les commandes pleuvent.

En 1906, il se rend en Alaska pour un contrat de 10 000 $. La tentative échoue, mais il continue de convaincre des clients, et ses succès sont controversés. En 1915 arrive le contrat qui le fera définitivement entrer dans l'histoire, et pas seulement de la pluviculture.

Le barrage du lac Morena, situé à une centaine de kilomètres à l'est de la ville de San Diego et propriété du conseil municipal, est opérationnel depuis 1912, mais le niveau reste désespérément en dessous du tiers de la capacité. Les édiles entendent parler de Ch. Hatfield, mais concluent qu'il est urgent... de ne rien faire. Près de trois ans plus tard, face à la situation catastrophique qui perdure, ils se décident à inviter le rainmaker à exposer son plan.

Finalement, après de nombreuses tergiversations et tractations, le conseil municipal vote et accepte le 13 décembre 1915, par quatre voix contre une, la proposition de Charles Hatfield de faire de la pluie pour remplir le barrage. La rémunération, fixée à 10 000 $, est soumise à une clause de résultat : elle ne sera versée que si le réservoir est rempli.

Ch. Hatfield accepte et se met au travail, assisté de son frère. Ils construisent au-dessus du lac Morena une tour de six mètres de hauteur avec une citerne contenant le breuvage céleste. Ils débutent les opérations d'évaporation pour le Nouvel An 1916, et, le 5 janvier, miracle, la pluie commence à tomber sans discontinuer pendant une quinzaine de jours, soit jusqu'au 20. Les conséquences sont terribles : les rivières débordent, ainsi que deux barrages situés à une quinzaine de kilomètres de San Diego, le Sweetwater Dam et le Lower Otay Dam. Les flots détruisent des ponts, emportent des fermes, coupent les lignes télégraphiques et les voies de chemin de fer, et font même dérailler un train en provenance de Santa Fe.

Ne pouvant joindre Ch. Hatfield sur sa colline, le conseil municipal lui dépêche d'urgence un émissaire pour qu'il arrête immédiatement. Il refuse : il veut remplir son contrat et le barrage, sinon il ne sera pas payé. Il reprend donc les opérations, et deux jours plus tard, la pluie repart de plus belle.

Sous la pression de l'eau, le barrage du lac Lower Otay se brise le 27 janvier et au moins une vingtaine de victimes sont à déplorer (certaines sources, dont la plaque commémorative au lac Morena, en évoquent jusqu'à une cinquantaine).

Ch. Hatfield arrête les opérations – le réservoir est rempli – et rentre à San Diego. Il constate les dégâts mais refuse de les endosser : il déclare à la presse, début février, qu'il n'est en rien responsable des dommages, mais qu'il a rempli sa part du contrat. Il exige donc sa rémunération. Le conseil municipal accepte de lui verser les 10 000 $ à une condition : qu'il rembourse le coût de la catastrophe, soit plus de… trois millions et demi de dollars !

Le rainmaker propose de transiger à 4 000 $, ce que San Diego refuse. Inévitablement, l'affaire se retrouve devant la justice. La procédure est longue : elle dure plus de vingt ans et se termine en 1938, lorsque la Cour déboute définitivement Charles Mallory Hatfield, en concluant que la pluie est le fait de Dieu (Act of God).

Rare carte postale témoignant de la catastrophe
(coll. de l'auteur)

« Act of God » ?

Il est difficile de tirer des conclusions tranchées quant à l'efficacité réelle de la méthode. Certes, San Diego n'eut plus à subir de catastrophe identique pour cause de précipitations diluviennes, mais cela ne constitue pas une preuve en soi, d'autant plus que les relevés pluviométriques mensuels de 1850 à 2010[15] témoignent qu'à deux reprises (1993 et 1995), la ville reçut plus de pluie en janvier qu'en 1916, et janvier 1885 fut presque autant pluvieux. Sur cette période de cent soixante années, il y eut trois autres mois qui reçurent plus de pluie que ce terrible mois de janvier 1916 : février 1884, décembre 1889 et 1921, sans pour autant provoquer un tel désastre. Il est donc impossible de conclure avec certitude dans un sens ou dans l'autre.

Quoi qu'il en soit, en dépit du – ou « grâce au » – résultat du lac Morena, les commandes de rainmaking continuèrent d'affluer : Ch. Hatfield revendiqua au total près de cinq cents succès, y compris à l'étranger, bien que rien ne permette de confirmer un tel chiffre. Il fut néanmoins obligé de reprendre ses activités de représentant en machines à coudre à cause de la crise de 1929.

Charles Mallory Hatfield s'éteignit le 12 janvier 1958, en emportant dans la tombe la formule secrète qu'il avait créée plus de cinquante ans plus tôt.

Carte postale éditée par Ch. M. Hatfield, avec son système de tours, signée et postée en 1948 (coll. de l'auteur)

---

15. Source : National Weather Service. Les chiffres sont considérés comme plus ou moins fiables pour le XIXᵉ siècle, où la jauge a changé de place à neuf reprises.

Voici la légende au dos de la photo :
« "Faites pleuvoir et nous paierons 3 000 $ par inch pour l'emploi de votre rainmaker" : ce télégramme a été envoyé hier au Canada par Edward C. Pomerening, président de la Wisconsin Society of Equity, représentant 3 500 fermiers de l'État. Le message était adressé à F. F. Ratcliffe, secrétaire de la Medicine Hat Agricultural Association (Alberta), qui persuada C. M. Hatfield, le fameux « rainmaker » de Californie, de se rendre dans le district de Medicine Hat, victime de la sécheresse. Hatfield installa un grand réservoir et le remplit de sa mystérieuse mixture chimique, supposée s'évaporer et « ouvrir les nuages ». Il fut payé 8 000 $, car il avait généré 4,24 inches de pluie dans le délai imparti – sur la base de 2 000 $ par inch. Cette photo fut prise à Medicine Hat lors de cette expérience de rainmaking. La photo montre le réservoir à rainmaking dans les environs de Medicine Hat et C. M. Hatfield en médaillon (25 juillet 1921). »
(coll. de l'auteur)

Charles M. Hatfield
dans les plantations
au Honduras en 1926
(coll. de l'auteur)

Pluie artificielle à Hollywood

Les nombreux rainmakers qui sévirent aux États-Unis du milieu du XIXe siècle jusqu'à la Seconde Guerre mondiale, dont Hatfield, inspirèrent évidemment le cinéma : la Paramount Pictures Company produisit en 1956 *The Rainmaker,* avec Burt Lancaster et Katharine Hepburn dans les rôles principaux. L'actrice fut même nominée aux Oscars pour sa performance. Le scénario est pourtant une pâle copie de la formidable histoire de Ch. Hatfield.

Il y eut même en 1997 un autre film intitulé *The Rainmaker*, basé sur le roman de John Grisham, avec Matt Damon dans le rôle principal, mais l'histoire ne présente aucun lien avec la pluviculture. En effet, le mot « rainmaker » a pris depuis longtemps aux États-Unis le sens de « faiseur de miracle ». Le mot est d'ailleurs utilisé dans le titre de plusieurs livres de marketing expliquant comment attirer de nouveaux clients ou faire croître ses affaires.

Bien loin de ces préoccupations, le lac Morena est aujourd'hui un endroit paisible, qui conserve encore le souvenir de Charles Mallory Hatfield grâce à une plaque commémorative et un petit musée, seules traces de ce que fut cette tragédie de 1916, peut-être la première catastrophe naturelle causée par l'homme, mais pas la dernière, ainsi que nous aurons l'occasion de le découvrir dans la suite.

Le musée du lac Morena

La plaque commémorative au lac Morena témoignant de la catastrophe

« Du beau temps pour nos courses ! »

Ch. Hatfield s'occupait de pluie, mais pas du beau temps, assurément une autre paire de manches. Il y a pourtant dans l'histoire américaine un personnage extravagant, un rainmaker qui se prétend aussi *sunmaker* – le mot est de nous –, illustrant à lui seul l'expression « faire la pluie ET le beau temps ».

Original originaire de Burbank en Californie, George Ambrosius Immanuel Morrison Sykes l'est à plus d'un titre : il est convaincu que la Terre est plate, il a calculé que la distance au Soleil est d'environ cinq mille kilomètres, et il se présente comme un ministre du zoroastrisme, religion peu commune, même à l'époque.

Il crée un Bureau de modification du temps. Grâce à son attirail hétéroclite d'appareils de radios, d'antennes, d'« attracteurs de nuages », d'« intégrateurs », de « précipitateurs » et autres inventions, il prétend pouvoir contrôler le temps. Il invente même un mot pour décrire son art : la « meteorolurgy » (le lecteur nous pardonnera sans doute de ne pas nous aventurer à le traduire).

La chronique climatologique a retenu l'« exploit » qu'il réalise en 1930 sur l'hippodrome de Belmont Park, dans l'État de New York. Afin de garantir aux parieurs du beau temps et donc de belles courses pendant la quinzaine de septembre, le président de la Westchester Racing Association et son secrétaire John Coakley décident d'embaucher un rainmaker professionnel. Ils choisissent le Dr Sykes, en lui imposant toutefois les conditions suivantes : par jour de beau temps, il percevra mille dollars et 2 500 pour chacun des deux dimanches de compétition, où l'affluence est plus importante ; en revanche, il devra s'acquitter de deux mille dollars par jour de pluie.

Il accepte et installe sur le champ de course son matériel sous bonne garde, dont un « contrôleur de pluie », composé de pièces de radio, d'un globe de cristal, de radiateurs, de générateurs et de fil électrique. Il déclare être le seul à savoir comment il fonctionne.

Le 1er septembre, pour l'ouverture des courses, le temps reste clément, mais il pleut le lendemain : le Dr Sykes est donc déjà débiteur de mille dollars ! Heureusement pour ses finances, la situation s'améliore et il ne pleut plus pendant huit jours.

Pour la presse, ce n'est que pure coïncidence. Irrité, il annonce qu'il déclenchera une tempête le lendemain. Ses commanditaires lui demandent instamment de surseoir à sa décision, car doit se tenir un match de polo important. Il accepte et le rendez-vous est fixé au lundi suivant à 14 h 30. À l'heure dite, les curieux sont nombreux mais le Dr Sykes se défile : il est même parti avec tout son matériel ! Au total, c'est donc 7 500 dollars qui lui sont dus, mais il en aurait perçu deux mille de plus s'il était resté, car il ne pleut pas les deux derniers jours de course, « malgré son absence », fait perfidement remarquer la presse.

George Ambrosius Immanuel Morrison Sykes disparaît ensuite des annales de la pluviculture et ne fera plus parler de lui.

Un fin renard...
Nous avons néanmoins fini par retrouver sa trace, du côté de la Virginie, avec cette photographie de presse prise le 2 octobre 1930, soit trois semaines après ses exploits à Belmont Park. Voici la légende au dos :

« Un rainmaker professionnel – ou un faiseur de beau temps. Tels sont les titres du Dr G.A.I.M. Sykes, qui, après avoir perçu 6 500 $ de la direction de Belmont Park pour éloigner la pluie (?) pendant six jours au moment des courses, a tourné son attention vers les zones de chasse autour de Middleburg et Warrentown, en Virginie. La récente sécheresse dans cette région a mis fin à la chasse, car les chiens ne pouvaient plus renifler l'odeur des renards sur le sol sec et brûlé par le soleil. Selon le contrat du docteur, il doit produire de la pluie d'ici quelques jours. Comment, ça, c'est le secret du Dr Sykes, mais il jure que s'il y a de l'humidité quelque part en Virginie, il l'aura. »

Malheureusement, l'histoire ne dit pas ce que les renards de la Virginie pensèrent de l'expérience.

De l'orgone à la pluie...[16]

Le quatrième et dernier personnage de notre galerie est le plus renommé, puisqu'il s'agit du Dr Wilhelm Reich, né en 1897 dans la partie orientale de l'empire austro-hongrois, en Ukraine aujourd'hui. Psychiatre, il est l'élève de Sigmund Freud à Vienne et demeure connu de nos jours principalement pour ses travaux sur la sexualité.

Il dénonce le nazisme en 1933 et doit quitter l'Allemagne lorsque Hitler accède au pouvoir. S'installant à Oslo, il entreprend en laboratoire une série d'expériences afin de vérifier l'existence d'une énergie physiologique véhiculée par les émotions. Les tests sont concluants : cette énergie n'obéit à aucune loi connue de l'électricité ou du magnétisme. W. Reich la baptise du nom d'« orgone », car il l'a découverte à partir de ses travaux liés à l'orgasme et qu'elle peut charger tout matériau organique. La réaction des communautés scientifiques et psychiatriques à son encontre est sans pitié.

W. Reich décide alors de quitter l'Europe : il obtient un visa du département d'État américain pendant l'été 1939 et embarque de Norvège le 19 août sur le dernier bateau en partance pour les États-Unis avant que n'éclate la Seconde Guerre mondiale.

Installé dans la région de New York, il poursuit ses recherches et construit en 1940 un accumulateur d'orgone, qui démontre que cette énergie est présente partout, y compris dans l'atmosphère.

Cette découverte l'amène à construire un cloudbuster, un appareil expérimental qui peut modifier le climat en changeant les concentrations d'orgone dans l'atmosphère.[17] Il réalise des dizaines d'expériences, dont l'une des plus significatives a lieu en 1953 : à la suite d'une longue sécheresse qui menace la production de myrtilles dans le Maine, les fermiers offrent de le rétribuer pour qu'il fasse pleuvoir. La météorologie ne prévoit pas de précipitations avant plusieurs jours lorsque W. Reich débute les opérations. Dix heures plus tard, une légère pluie commence à tomber, jusqu'à atteindre environ 3 cm en peu de jours. La récolte de myrtilles est sauvée, mais les nuages noirs s'amoncellent à l'horizon du Dr Reich.

---

16. La plupart des informations biographiques de W. Reich proviennent du Wilhelm Reich Museum, à Rangeley, dans le Maine (www.wilhelmreichmuseum.org).
17. Pour avoir vu fonctionner l'un de ces appareils, le résultat est étonnant, même si l'on peut légitimement s'interroger quant aux causes réelles des modifications qui se produisent alors dans le ciel.

En effet, après une enquête de plusieurs années, la Food & Drug Administration (FDA) dépose une plainte contre lui en février 1954, considérant que l'orgone n'existe pas. À peine un mois plus tard, le 19 mars, le jugement, terrible, est prononcé :

– il ordonne la destruction de tous les accumulateurs d'orgone, ainsi que les pièces détachées, les modes d'emploi, etc. ;

– il interdit tous les livres de W. Reich mentionnant l'orgone, ce qui constitue un cas de censure caractérisé.

Il comporte d'autres dispositions qui vont conduire au pire : un de ses élèves est arrêté – opportunément ? – alors qu'il transporte un chargement d'accumulateurs et de livres du Maine à New York, ce qui constitue, de fait, une violation du jugement. Par suite, le Dr Reich est condamné le 7 mai 1956 à deux ans de prison et à ce que plusieurs tonnes de ses livres (une quinzaine de titres) soient brûlées sous la supervision de la FDA (officiellement, nous ne sommes plus au Moyen Âge ni sous un régime nazi...).

C'est donc en prison qu'il s'éteint, le 3 novembre 1957. Il est dit toutefois qu'il put continuer ses recherches et ses travaux sur son lieu d'incarcération. Des conspirationnistes se demandent même au profit de qui.

Il fut enterré à Orgonon, sa propriété dans le Maine, où sont situés son musée et la fondation qu'il créa par voie testamentaire, afin que ses travaux et ses archives soient préservés pour les générations futures.

Avec la mort du Dr Wilhelm Reich puis celle de Charles Mallory Hatfield deux mois plus tard, c'est l'ère des pionniers qui se termine : après plus d'un siècle de tâtonnement « artisanal », c'est maintenant à l'industrie d'entrer en piste.

Wilhelm Reich

Chapitre 2

Le temps de l'industrie

> Et dans ce temps où Élie, prophète illustre,
> supprimait à son gré les pluies, à son gré les faisait
> descendre sur les terres desséchées, et par ses paroles
> changeait en richesse l'indigence d'une pauvre veuve...
> Grégoire de Tours, *Histoire des Francs*

La science s'en mêle
À côté des Charles Mallory Hatfield et autres rainmakers aux succès discutables, les tentatives menées par des scientifiques vont se multiplier dès la première moitié du XXe siècle. Le mouvement est lancé et plus rien ne les arrêtera dans la prise de contrôle de la pluviculture et de ses développements.

Le premier scientifique à avoir émis l'idée de modifier sur une large échelle l'environnement et le climat à des fins militaires semble être Benjamin Franklin, le célèbre inventeur du paratonnerre et l'un des pères de la nation américaine. Pendant la guerre d'Indépendance (1775-1783), il explique que dérouter le Gulf Stream refroidirait l'Atlantique Nord, ce qui aurait des conséquences dramatiques sur le climat britannique et donc son économie.

La technologie n'est pas (encore) au point pour une telle tentative. « Heureusement », avons-nous envie d'ajouter. Cela dit, les « bonnes » idées ne meurent jamais. Ainsi, le 29 septembre 1912, le *New York Times* chronique un livre publié la veille sous le titre *Power And Control of the Gulf Stream*[18] par un ingénieur du nom de Caroll Livingston Riker. Il est alors connu aux États-Unis pour avoir construit le premier entrepôt réfrigéré au monde, puis installé le premier système de froid sur un bateau transatlantique et développé différentes technologies comme des torpilles utilisées pendant la guerre contre l'Espagne (1898), ainsi que des pompes pour remplir le Potomac, à Washington...

Le projet exposé dans son livre consiste à construire une jetée d'environ dix mètres de haut sur un peu plus de trois cents kilomètres de long dans la zone de Terre-Neuve pour que le Gulf Stream se jette directe-

---

18. Caroll Livingston Riker, *Power And Control of the Gulf Stream*, Baker & Taylor, 1912.

ment dans l'océan Arctique. Cela permettrait de réchauffer les températures, de faire fondre la glace et de procurer un grand nombre d'avantages qu'il est trop long d'énumérer ici – entre autres, cela éviterait de nouvelles catastrophes comme le Titanic. De plus, selon ses calculs, la fonte de la glace au pôle Nord allégerait la Terre de ce côté, ce qui la déplacerait un peu par rapport à son axe actuel et rendrait hospitalières des régions qui ne le sont pas.

Il a manifestement lu Jules Verne et son roman *Sans dessus dessous* paru en 1889, dans lequel l'auteur imagine de faire basculer la Terre sur son axe pour rapprocher le pôle du soleil afin de faire fondre la glace et pouvoir exploiter le charbon enfoui sous la blanche épaisseur.

Dans son livre, qui n'est pourtant pas un roman, Caroll Livingston Riker va même jusqu'à chiffrer l'investissement que représente le projet, autour de 190 millions de dollars, soit « beaucoup moins que les intérêts pour le coût du canal de Panama avant son achèvement ».

L'idée rencontre le succès et obtient du soutien, y compris de la part d'autorités telles que le port de New York. Des sociétés financières proposent de lever des fonds pour le financement des opérations (décidément, ils ont tous lu Jules Verne...).

Le Congrès est évidemment sollicité, afin, dans un premier temps, de réaliser une étude pour la somme de 100 000 $. Nous sommes en 1913, les bruits de bottes résonnent en Europe et il apparaît peu judicieux de se lancer dans une telle expérience qui aurait des conséquences négatives sur le climat du vieux continent. C'est donc sans hésitation que le Congrès refuse le projet. Il n'en sera plus question sous cette forme, du moins de ce côté de l'Atlantique.

Le septième ciel climatique est proche
C'est donc sur une échelle bien plus modeste que les chercheurs commencent à s'attaquer à la modification du climat. Ainsi, en 1924, un certain Charles J. S. Miller obtient un brevet sous le n° 1572783 pour dissiper les brouillards : il propose de répandre à la surface de toute étendue d'eau une solution d'huile végétale ou minérale mélangée à de l'ammoniac. Il n'y aura pas de suite.

Dix ans plus tard, soit en 1934, sont proposées de nouvelles techniques :
– William C. King, de Pittsburgh, obtient un brevet sous le n° 2068987 pour l'invention, lui aussi, d'un « procédé pour dissiper le brouillard ». Il

propose de disperser par tous moyens appropriés de la bentonite, une argile qui a une forte capacité de rétention d'eau. Sans plus de succès que ses prédécesseurs.

– le 23 avril, Clellan Ross Pleasants dépose un brevet, enregistré sous le n° 2160900, dont l'objet est de disperser les vapeurs d'eau et de gaz, principalement le brouillard et le gel. Son procédé consiste à brûler un mélange d'hydrocarbures et de chlore, ce qui ressemble plus ou moins à ce qu'avait proposé J. P. Espy moins d'un siècle plus tôt. C. Pleasants complète son procédé en déposant un nouveau brevet trois ans plus tard.[19]

Avec les progrès de l'aviation, dissiper les brouillards des aéroports devient une exigence de sécurité. Le Pr Henry G. Houghton, du Massachusetts Institute of Technology (MIT), s'y essaye à son tour en 1938 en dispersant dans les nuages des sels hygroscopiques, c'est-à-dire absorbant l'humidité de l'air. Sans plus de réussite.

À l'Est, du nouveau...

Les États-Unis ne sont évidemment pas le seul pays à vouloir modifier les conditions climatiques. Ainsi, dès le début des années trente, des scientifiques soviétiques, notamment V. N. Obolensky, M. A. Aganin et G. I. Prusakov, attirent l'attention du public sur la possibilité d'intervenir dans les processus atmosphériques. Leur idée consiste à les étudier en profondeur pour les comprendre afin ensuite de créer ou disperser des nuages, le brouillard, générer de la pluie, prévenir la grêle, etc.

Des jeunes appartenant au Komsomol, l'organisation de la jeunesse du Parti communiste soviétique, du district de Vyborg, à un peu plus de cent kilomètres de la ville qui s'appelle alors Leningrad – Saint-Pétersbourg aujourd'hui – répondent à l'appel, et une institution est créée sous le nom d'Institut de la pluie, qui deviendra ultérieurement l'Institut de météorologie expérimentale.[20]

Sont alors effectuées les expériences les plus diverses, de la création artificielle de brume en brûlant du fioul au sol à la dispersion du brouillard ou le déclenchement de pluies artificielles à partir de nuages naturels. À la fin des années trente, l'Institut dispose même dans son laboratoire d'une chambre à brouillard et nuage.

---
19. *Method and composition for dispelling vapors*, brevet n° 2232728, déposé le 15 novembre 1937.
20. *Man Versus Climate*, N. Rusin, L. Flit, Peace Publishers, Moscou, 1962.

Cela fait donc plus de quatre-vingts ans que la Russie est engagée dans la modification du climat.

À l'Ouest, du nouveau...

Les scientifiques européens occidentaux ne sont pas en reste. Citons le Hollandais August W. Veraart, probablement l'un des tout premiers rainmakers scientifiques. À la fin de l'été 1930, il s'envole à bord d'un petit avion pour déverser à environ 700 m d'altitude près d'une demi-tonne de glace carbonique au cœur de plusieurs nuages. Il se met à pleuvoir pendant une vingtaine de minutes. La tentative d'A. Veraart peut donc être considérée comme la première expérience d'ensemencement des nuages réussie par un scientifique, mais ses confrères sont tellement sceptiques qu'ils ne lui reconnaissent pas ce succès. August W. Veraart n'occupe donc pas aujourd'hui la place de pionnier qui devrait légitimement lui revenir.

À défaut de la pratique, c'est sur le plan théorique que l'Europe va gagner sa place dans la pluviculture scientifique. En 1938, le physicien allemand Walter Findeisen confirme les travaux du météorologue suédois Tor Bergeron, qui a énoncé en 1933 que la pluie peut être générée par la présence de cristaux de glace se formant ou transportés à l'intérieur des nuages. Il résulte des travaux de ces deux scientifiques la théorie Bergeron-Findeisen, qui constituera par la suite la base des techniques d'ensemencement des nuages utilisées de nos jours.

W. Findeisen est ensuite employé par les Nazis pour poursuivre ses recherches sur la modification du temps, évidemment stratégique avec les débuts de la Seconde Guerre mondiale. Selon D. S. Halacy,[21] les rapports qu'il produisit à cette période sont « si médiocres et inoffensifs » que c'est probablement à dessein qu'il sabota ses travaux.

De la glace par hasard

Finalement, ce qui devait arriver arriva : les chercheurs finirent par trouver. Chimiste autodidacte, Vincent Joseph Schaefer (1906-1993) est employé au centre de recherche de General Electric à Schenectady, dans l'État de New York, là même où Thomas Edison établit ses ateliers à la fin du XIXe siècle. Assistant d'Irving Langmuir, prix Nobel de chimie

---

21. *The Weather Changers*, Daniel S. Halacy, Jr., Harper & Row, 1968.

en 1932, il travaille sur la physique des nuages, la formation des noyaux de glace, la prévention du givre sur les ailes d'avion, etc.

Promu « chercheur associé » en 1938, il participe à des projets militaires tels que la filtration des fumées par les masques à gaz, la détection sous-marine, la formation de brouillards artificiels par des générateurs, grâce aux budgets que décroche son patron I. Langmuir, qui sera, pendant la guerre, l'un des conseillers scientifiques clé du gouvernement pour les programmes d'armement.

La modification du climat, du moins de certaines de ses composantes, commence effectivement à présenter un potentiel que ne peuvent ignorer les militaires. Une démonstration de dissipation du brouillard est même réalisée à leur intention par l'équipe de General Electric, mais les résultats ne sont pas encore à la hauteur des enjeux.

Un jour de juillet 1946, alors qu'il fait extrêmement chaud, beaucoup trop en tout cas pour l'expérience qu'il souhaite mener, Vincent Schaefer ajoute de la neige carbonique dans le « réfrigérateur » dont il se sert, pour y abaisser encore la température. Il a alors la surprise de constater que son souffle crée un nuage qui se transforme en millions de minuscules cristaux de glace sous l'action du froid. Compte tenu de son champ d'expertise, il comprend qu'il vient de découvrir le moyen de faire pleuvoir ou neiger artificiellement : il suffit de refroidir certains types de nuages, dont les gouttelettes se transforment alors en cristaux suffisamment volumineux pour déclencher des précipitations.

Du réfrigérateur au ciel, il y a toutefois un pas qu'il reste encore à franchir.

La première neige artificielle !
L'équipe du laboratoire se met au travail. Quelques mois plus tard, le 13 novembre 1946, une première expérience grandeur nature peut être tentée. Elle a lieu au-dessus du mont Greylock, dans le Massachusetts. General Electric loue un avion à partir duquel sera « ensemencé » un nuage avec de la neige carbonique. Il a été calculé que trois kilos devraient suffire.

C'est le cas, et la réaction est quasi instantanée. V. Schaefer, qui se trouve à bord de l'avion, notera dans son carnet d'expériences qu'« il sembla que c'était comme si le nuage avait explosé tant l'effet fut étendu et rapide ».

La neige tombe d'abondance et la presse donne à cette découverte un retentissement mondial : c'est la première fois que l'homme modifie – officiellement – le temps ! I. Langmuir fera même la couverture de *Time* quelques années plus tard, avec la question suivante : « L'homme peut-il apprendre à contrôler l'atmosphère dans laquelle il vit ? »

De nombreuses applications sont alors imaginées, comme lutter contre la sécheresse, le brouillard, les feux de forêt, etc. Des scientifiques du monde entier désirent connaître et utiliser cette méthode de modification du temps.

Bernard Vonnegut (1914–1997), un autre chimiste du laboratoire de General Electric, la perfectionne dans les mois suivants grâce à sa découverte que l'iodure d'argent, de par la proximité de sa structure avec celle de la glace, est le meilleur agent pour refroidir et cristalliser les nuages.

Un brevet commun à Vincent Schaefer et Bernard Vonnegut est déposé le 21 janvier 1948 et enregistré sous le n° 2527230.[22] Il a pour objet la cristallisation des nuages grâce à l'iodure d'argent.[23]

I. Langmuir conclut même qu'il suffirait d'en répandre un peu plus de cent kilos pour ensemencer toute l'atmosphère terrestre.

Soulignons que, soixante ans plus tard, c'est toujours cette méthode qui est principalement utilisée pour déclencher de la pluie ou de la neige artificiellement.

Re-voilà les militaires...
Même si la question surgit ici ou là de savoir s'il est juste d'interférer avec la Nature, c'est un tout autre débat qui anime les dirigeants de General Electric à la fin de l'année 1946, tandis qu'un nouveau test d'ensemencement de V. Schaefer pourrait être la cause des plus importantes chutes de neige de l'histoire de Schenectady. Alors qu'ils ont entièrement financé ces recherches, ils craignent que les opérations de modification du temps puissent provoquer des dégâts considérables dont la compagnie serait tenue pour responsable. Elle constituerait même une cible idéale pour les avocats des victimes et les demandes de dommages et intérêts exorbitants. De plus, il n'y

---
22. Il fait expressément référence à ceux déposés antérieurement par C. J. S. Miller, W. C. King et C. R. Pleasants, cités ci-dessus.
23. V. Schaefer dépose seul quelques jours plus tard, le 29 janvier, un autre brevet, enregistré sous le n° 2570867, intitulé « Method of Crystal Formation and Precipitation ».

a pas de profits immédiats à attendre de ces expériences pour les actionnaires.

L'évidence s'impose : cette activité ne peut être pratiquée que sous l'égide du gouvernement. Toutes les expériences d'ensemencement des nuages sont donc suspendues tant qu'un accord n'aura pas été conclu avec les autorités fédérales.

Le message est parfaitement reçu, puisque deux mois plus tard, soit le 28 février 1947, un premier contrat, référencé sous le n° W-36-039-sc-32427 req. EDG 21190, est signé avec l'armée, via l'U.S. Army Signal Corps.[24] L'U.S. Navy et l'U.S. Air Force sont parties au contrat, qui couvre la recherche sur les particules des nuages et leurs modifications. Le budget total se monte à moins de 800 000 $.[25]

Afin de décharger General Electric de toute responsabilité dans ces opérations, son centre de recherche est confiné aux seules activités de laboratoire et de compte-rendu des expériences. Une clause stipule même que :

> ... la totalité du programme de vol sera conduite par le gouvernement, utilisera exclusivement du personnel du gouvernement et les équipements seront exclusivement placés sous la direction et le contrôle de ce personnel.

I. Langmir et V. Schaefer participent au projet pour le compte de General Electric, qui notifie à tous ses salariés impliqués l'interdiction d'affirmer qu'ils exercent le moindre contrôle ou décision sur les programmes de vol.

Il n'y a plus alors qu'à reprendre le travail. Ultérieurement, l'ensemble de ces opérations sera baptisé « Projet Cirrus ».

Haro sur les ouragans !
Faire tomber de la pluie et de la neige intéresse les militaires, certes, mais pas seulement. L'un des champs d'expérimentation étudiés en priorité dans le cadre du projet Cirrus est la lutte contre les ouragans, qui ravagent depuis toujours les États-Unis et pourraient s'avérer une arme extraordinaire.

---

24. Créé en 1860, ce corps est un centre de recherche et de tests militaires, avec, notamment, comme son nom l'indique, une spécialisation dans les transmissions, mais bien d'autres divisions ont été ajoutées ensuite, dont l'aéronautique, l'automobile et le climat.
25. *America's Weather Warriors*, Charles C. Bates & John F. Fuller, Texas A&M University Press, 1986.

I. Langmuir et V. Schaefer émettent l'hypothèse qu'en les ensemençant avec de l'iodure d'argent, la chaleur latente serait libérée, ce qui aurait pour effet d'abaisser la vitesse des vents et donc les dégâts causés, même si la diminution est légère.

De nombreuses études sont effectuées, mais la première tentative d'ensemencement d'un ouragan a lieu le 13 octobre 1947. Celui qui est choisi se dirige d'ouest en est au large des côtes américaines. L'avion s'approche et le pilote lâche une quarantaine de kilos de neige carbonique. Peu après, l'ouragan change d'orientation, revient vers le continent et s'abat sur la région de Savannah, Géorgie, causant des dégâts considérables.

Il est difficile d'affirmer que l'intervention a provoqué le changement de direction, mais, pour l'opinion publique, cela ne fait aucun doute.

Afin d'éviter les procès qui menacent, les avocats de la défense interdisent à tous les participants, dont notamment Irving Langmuir, de déclarer publiquement que c'est la neige carbonique qui a modifié la trajectoire de l'ouragan.

De son côté – pourquoi s'en priver ? –, l'armée classifie les données de l'expérience, ce qui empêche les parties civiles d'y avoir accès. Finalement, les débats judiciaires sont clos parce qu'il est retrouvé dans les annales météorologiques un ouragan qui a suivi le même chemin erratique en 1906.

Compte tenu des conséquences de cette première tentative, les autorités décident néanmoins de mettre un terme au projet Cirrus.[26]

Le rapport final est classifié par l'armée. I. Langmuir y déclare qu'il y a 99 % de chances que le changement de trajectoire soit dû à l'ensemencement, mais il ne fera jamais état de cet avis à l'extérieur, y compris dans ses publications scientifiques.

Des analyses ultérieures montreront que l'ouragan avait, semble-t-il, commencé à changer de direction avant l'ensemencement, qui n'en serait donc pas la cause. Quoi qu'il en soit, le chapitre militaire de la lutte contre les ouragans est alors clos pour plusieurs années... mais pas celui du déclenchement des pluies artificielles.

---

26. Entre 1947 et septembre 1952, date à laquelle se termine officiellement le dernier contrat lié au projet Cirrus, 180 expériences de terrain furent conduites, mais moins du tiers des résultats de ces expériences fut publié.

Une nouvelle catastrophe

L'armée et General Electric continuent leurs expériences d'ensemencement des nuages à l'iodure d'argent, principalement dans l'État du Nouveau-Mexique. Des expériences sont ainsi menées en octobre 1948, juillet 1949, juillet 1951...

Or, l'histoire des catastrophes climatiques aux États-Unis est jalonnée d'une pierre noire justement en... juillet 1951. C'est effectivement la plus grande inondation que le Kansas ait connu : des pluies diluviennes submergent des milliers de km², font près d'une trentaine de victimes, génèrent des dégâts colossaux dépassant l'équivalent de sept milliards de dollars d'aujourd'hui... La situation est telle à Kansas City le 13 juillet que la catastrophe est déclarée « l'inondation la plus dévastatrice de toute l'histoire de la nation », qui en a pourtant connu beaucoup d'autres.

La carte des États-Unis montre que le Nouveau-Mexique et le Kansas sont presque frontaliers. De là à en déduire que l'ensemencement des nuages dans un État a pu provoquer la situation catastrophique dans l'autre, il y a un pas... que n'hésite pas à franchir I. Langmuir, sans convaincre la communauté scientifique.

La situation au Kansas commande la prudence, donc les opérations sont stoppées au Nouveau-Mexique. Notons cependant que l'inonda-tion au Kansas commença dès juin, tandis que les tests au Nouveau-Mexique ne sont censés avoir débuté qu'à partir de juillet. De plus, l'iodure d'argent déversée dans les nuages les années précédentes n'avait pas généré de catastrophe... Le lien de cause à effet entre les deux événements semble donc des plus ténu.

Même si I. Langmuir pense que ses tests ont eu des répercussions sur « l'inondation la plus dévastatrice de toute l'histoire de la nation », il est intéressant de souligner que lui et les militaires continuent leurs opérations les années suivantes, en dépit des risques qu'ils font consciemment courir à la population et de son opposition grandissante.

Source : Wikipedia

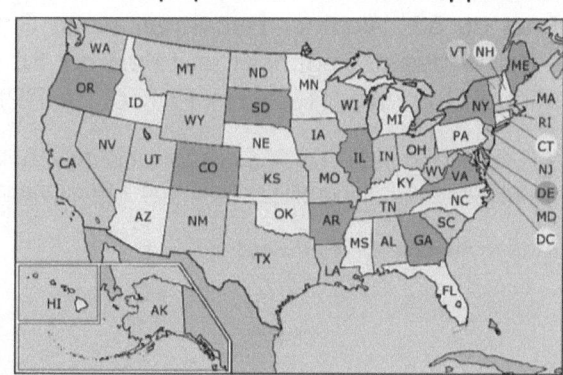

Et l'on reparle d'ouragans...

Le projet Cirrus a été enterré, mais pas l'idée. Elle revient sur le devant de la scène après une année 1954 « ouraganesque », avec notamment les ouragans Carol, de catégorie 3 sur l'échelle Saffir-Simpson qui en compte cinq, Edna (catégorie 3) et Hazel (catégorie 4) qui ravagent la façade atlantique nord-américaine.

The U.S. Weather Bureau,[27] l'équivalent alors aux États-Unis de Météo-France, lance en 1955 le National Hurricane Research Project (NHRP).[28] Robert Simpson, météorologue du Weather Bureau ayant participé aux vols de reconnaissance de l'U.S. Air Force sur les ouragans, est nommé directeur de ce programme et organise son centre opérationnel sur la base Morrison de l'armée de l'air, en Floride.

La collaboration avec l'armée sur ce programme civil va au-delà des seules installations, car ce sont trois avions de l'U.S. Air Force spécialement équipés, les « Hurricane Hunters », qui sont mis à la disposition des scientifiques du NHRP, avec des équipes militaires appartenant au 55th Weather Reconnaissance Squadron.

Somme toute, il semble normal que l'armée soit impliquée dans ce genre de programmes, car le temps et le climat sont depuis toujours des composantes essentielles de tout théâtre d'opérations. Ainsi, l'U.S. Air Force dispose sur le territoire américain ainsi qu'en Allemagne de plus d'une dizaine de régiments spécialisés dans la météorologie au sens le plus large. Ils sont chargés, entre autres, de fournir les données et analyses météo à partir des observations de leurs satellites.

L'une de ces formations, le 53rd Weather Reconnaissance Squadron, a été surnommée « Hurricane Hunters » (« Chasseurs d'ouragans »), car ces hommes remplissent la mission d'aller au cœur des ouragans recueillir des informations que ne peuvent mesurer les satellites, telles que la vitesse des vents, la pression atmosphérique, etc. Elles sont fondamentales pour permettre d'anticiper les trajectoires et de prendre les dispositions de sécurité pour les populations, mais dangereuses : plusieurs membres du 53[d] Weather Reconnaissance Squadron y ont laissé la vie. Ce ne fut pas ce régiment toutefois qui fut désigné pour participer au National Hurricane Research Project (NHRP).

---

27. The Weather Bureau deviendra « The National Weather Service » en 1970, l'une des six agences scientifiques du National Oceanic and Atmospheric Administration (NOAA).
28. « Projet national de recherche sur les ouragans ».

... mais timidement
Les missions dépendent évidemment des ouragans qui se présentent au cours de la saison. Seront suivis de près les ouragans Greta (1956 – catégorie 5), Audrey (1957 – catégorie 4), Daisy (1958 – catégorie 3) et Helene (1958 – catégorie 3), mais sans intervention directe majeure. Notons toutefois que des épandages d'iodure d'argent sont effectués autour de Daisy, mais ils correspondent plus à des essais de matériel qu'à des tentatives réelles de modification de l'ouragan.

Les années passent, les ouragans aussi, mais il ne s'agit toujours que de collecter des données, affiner les prévisions, modéliser les trajectoires... Certes, c'est essentiel, mais on est loin encore des ambitions de l'ancien projet Cirrus.

Le projet Stormfury
Toujours en étroite coopération avec l'armée américaine, les missions se poursuivent au début des années soixante. Le NHRP vole au cœur de l'ouragan Donna (1960 – catégorie 5), mais sans engager d'opération.

Et ce qui devait arriver finit par arriver : une dizaine d'années après la fin du projet Cirrus, la décision est prise d'ensemencer de nouveau un ouragan. L'événement aura lieu le 16 septembre 1961 pour Esther, de catégorie 4, qui menace les États de la côte atlantique (Caroline du Nord, Virginie, Maryland, Delaware, New Jersey, Nouvelle Angleterre...).

L'opération est menée conjointement par le NHRP et la Navy. Huit cylindres d'iodure d'argent sont lâchés dans l'œil d'Esther et les vents diminuent d'environ 10 %, chiffre modeste en apparence, mais qui réduit considérablement les dégâts potentiels. D'autres ensemencements sont effectués le lendemain, mais pas au cœur de l'ouragan, ce qui n'influe en rien sur la vitesse des vents.

L'opération est considérée comme un succès, et le gouvernement américain décide de lancer le projet Stormfury en 1962, sous l'égide de l'U.S. Navy et du ministère du Commerce, dont dépendent les agences civiles météorologiques.

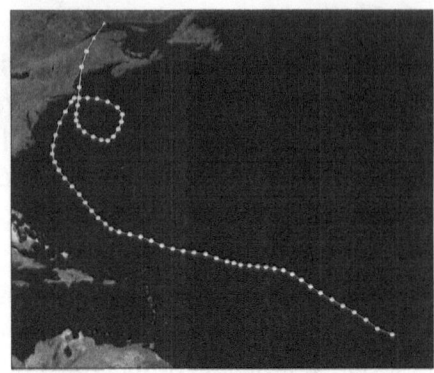
Trajectoire de l'ouragan Esther (1961)
Source : NOAA

Afin de continuer les expériences et les observations sont d'abord ensemencés des nuages plutôt que des ouragans. Les résultats s'avèrent satisfaisants et il est décidé de passer au stade supérieur : le premier ouragan à être ensemencé dans le cadre de Stormfury est Beulah, de catégorie 5, le 23 août 1963. Le premier jour d'opération ne produit aucun effet, notamment parce que l'iodure d'argent n'a pas été lâchée au cœur de l'ouragan. Le lendemain, la cible est atteinte et les vents diminuent. Au final, la mission sera jugée « encourageante », sans plus de certitude.

Le projet Stormfury continue, mais il n'y aura pas d'opération d'ensemencement en 1964. En effet, les ouragans doivent répondre à plusieurs critères : avoir moins de 10 % de chance d'atteindre des zones habitées, présenter un œil parfaitement formé, et être d'intensité élevée sur l'échelle Saffir-Simpson. Cela diminue fortement le nombre de candidats potentiels. Cleo, de catégorie 4, est toutefois suivi de près, mais seulement pour améliorer les modèles scientifiques.

En 1965, Betsy (catégorie 4) correspond aux critères exigés pour les ensemencements, mais change subitement de direction et se dirige vers la Floride et la Louisiane. Les opérations sont annulées.

L'année suivante apparaît Faith (catégorie 3), mais il passe trop loin de la côte atlantique, donc hors du rayon d'action des avions d'ensemencement. Aucune autre opération n'est conduite en 1966, ni en 1967, ni en 1968, ce qui ne signifie pas que rien n'est fait pendant ce temps : les études continuent, le matériel est perfectionné, les techniques sont affinées...

Il faut attendre 1969, soit six ans après le dernier ensemencement (Beulah), pour que se présente l'ouragan parfait en la « personne » de Debbie : il ne menace pas les terres tout en étant à portée des avions, il a un œil distinct et se classe en catégorie 3.

Près de treize vols sont effectués au cœur de Debbie du 18 au 20 août, autant pour l'étudier que pour l'ensemencer. La chute des vents atteint jusqu'à 30 %, ce qui est un résultat plus qu'encourageant, même s'il est difficile d'affirmer que ces opérations en sont la cause.

Un vaste programme d'étude est néanmoins planifié, mais il n'y a pas d'ouragan à ensemencer ni en 1970 ni en 1971. Certes, l'ouragan Ginger l'est en septembre 1971, mais plus par défaut que par conviction : sa structure ne permet pas une intervention optimum et il n'est que de catégorie 2. Les opérations ne produisent d'ailleurs aucun résultat digne d'être signalé.

Fin de parcours

La Navy décide de se retirer du projet au début des années 70, ce qui n'est pas sans poser des problèmes de financement. En conséquence, et compte tenu du faible nombre d'ouragans à ensemencer sur la côte atlantique (pas même trois en près de dix ans !), il est décidé d'une part de reconfigurer le projet Stormfury en étude scientifique en abandonnant la partie opérationnelle des modifications – même si les ensemencements continuent –, et d'autre part de le baser sur la côte pacifique où il y a de nombreux typhons susceptibles de répondre aux critères requis.

Le projet doit reprendre en 1976, au large de l'île de Guam. Hong Kong, les Philippines, la Corée du Sud et Taïwan donnent leur accord, mais la Chine fait savoir qu'elle n'acceptera pas qu'un typhon ensemencé change de trajectoire et dévaste son territoire. Le Japon aussi proteste.

Le Mexique pose également problème, ainsi que nous l'apprend un câble de 1976 publié par WikiLeaks[29] :

> L'année dernière, il y eut une large campagne de presse anti-américaine blâmant les dégâts causés en 1974 par l'ouragan Fifi[30] dus

---
29. https://wikileaks.org/plusd/cables/1976MEXICO02301_b.html
30. De catégorie 2 « seulement », il est l'un des plus meurtriers de l'histoire, avec des milliers de victimes et des milliards de dollars de dégâts en septembre 1974, principalement au Honduras.

au programme U.S. d'ensemencement, même s'ils savaient qu'aucune opération d'ensemencement d'ouragan n'avait été menée par les États-Unis depuis plusieurs années.

Pour limiter les problèmes politiques inhérents à la modification du climat et continuer de développer le projet et ses expériences, il est envisagé en 1978 de le mener dans le cadre d'une approche internationale. En effet, le gouvernement est obligé de composer avec les autres pays, comme le confirme un câble émis par le Département d'État le 3 avril 1975[31] :

> Le projet Stormfury ou tout autre projet impliquant des efforts pour contrôler les tempêtes tropicales en Asie de l'Est est nécessairement source de préoccupation pour les nations de toute la région. Nous notons dans cette déclaration de la République populaire de Chine (réf. B) que nous devons obtenir « l'accord unanime de tous les pays concernés avant de procéder à des expériences ». Le gouvernement des États-Unis ne peut participer à des efforts susceptibles de modifier les conditions météorologiques régionales tant qu'il y a des objections de la Chine, du Japon ou d'autres pays qui pourraient être affectés par nos programmes d'ensemencement des tempêtes. Notre incapacité à agir unilatéralement découle à la fois des considérations politiques et des problèmes de responsabilité.

Même s'il a permis de faire progresser la connaissance scientifique des ouragans, Stormfury s'avère finalement un échec, car il a été impossible de prouver que l'ensemencement diminue réellement leur violence.

La fin de la grande industrie aussi

Ces opérations, que ce soit dans le cadre des projets Cirrus ou Stormfury, sont menées par le gouvernement américain via l'armée, et General Electric n'apparaît plus expressément. Certes, la multinationale continue de coopérer à certains programmes de recherche, mais elle abandonne dès le début ou presque « l'industrialisation » de la modification du climat. Ainsi, General Electric annonce le 27 décembre 1950, soit quatre ans après les premiers essais, qu'elle renonce à protéger ses brevets, ce qui revient à les offrir au domaine public.

---

31. https://wikileaks.org/plusd/cables/1975STATE075385_b.html

Ce faisant, elle se pare contre tout risque de procès au cas où des apprentis-sorciers causeraient des dommages colossaux à partir de ses inventions. Effectivement, les risques semblent illimités, ainsi qu'en témoigne Bernard Vonnegut en 1952 devant un comité du Sénat qui envisage de légiférer en matière de modification du temps :

> La théorie a prédit et les expériences ont confirmé le fait que quelques kilos d'iodure d'argent déversés en fines particules dans l'atmosphère peuvent exercer une influence profonde sur le temps à des centaines de kilomètres. Il devient évident qu'aucun individu ou groupe privé ne peut être autorisé à conduire des opérations sur des milliers ou des centaines de kilomètres carrés.

Qu'elles soient bonnes ou mauvaises, les possibilités liées à l'ensemencement d'iodure d'argent sont telles que le développement et l'utilisation de cette technique doivent être placés entre les mains du gouvernement fédéral. »

Les militaires ne pouvaient qu'être d'accord avec le Dr Vonnegut. Ils n'allaient pas tarder à le prouver.

L'équipe du projet Stormfury
Source : NOAA

Le rainmaker du Kansas
« Laisse-moi juste te mettre la main dessus une fois de plus, Jeremiah Jinkins ! Je vais t'apprendre à faire ta satanée pluie lorsque je sors avec mon nouveau chapeau et sans parapluie ! »
Collection de l'auteur

Chapitre 3

Le temps des militaires

...His chymic powers new combinations plan,
Yield new creations, finer forms to man,
[...]
Arm with new engines his adventurous hand,
Stretch o'er these elements his wide command,
Lay the proud storm submissive at his feet...[32]
Joel Barlow, *The Columbiad*, 1807

Des débuts peu prometteurs

Historiquement, les militaires n'ont pas attendu les progrès de la science de l'après-guerre pour goûter aux joies de la modification du climat. En effet, leur première participation est probablement celle qui a lieu en Angleterre à Orford Ness, à une cinquantaine de kilomètres d'Ipswich. La BBC[33] nous apprend qu'y est transféré en 1915, donc en pleine Première Guerre mondiale, l'Armament and Experimental Flight of the Royal Flying Corps, c'est-à-dire le département en charge d'expérimenter et de développer de nouvelles armes de guerre liées à l'aviation. L'effectif comprend environ six cents personnes, à la fois des experts civils et des militaires.

L'article relate qu'une inspection officielle conduite en octobre 1916 constate différents essais en cours liés au domaine aérien, dont des bombes au phosphore pour attaquer les zeppelins. La production de nuages artificiels y est aussi testée, avec l'objectif de perturber l'aviation allemande. Six tentatives auraient été effectuées au total, toutes infructueuses.

Les informations disponibles témoignent que les militaires états-uniens commencent à s'intéresser au sujet au minimum une dizaine d'années

---
32. « ...Son plan des nouvelles combinaisons de ses pouvoirs chimiques, Produit de nouvelles créations, formes plus admirables pour l'homme [...] Arme de nouvelles machines sa main aventurière, Étend sur ces éléments son vaste gouvernement, Couche soumise à ses pieds la fière tempête. »
33. *World War One: Orford Ness and boffins, bombs and biplanes*, Greig Watson, BBC News, 27 février 2014.

plus tard. Ainsi, en 1924, l'Army Air Service met à disposition deux avions spécialement équipés sur les instructions du Dr Emory Leon Chaffee, physicien américain formé au MIT et professeur à Harvard, pour disperser environ trois cents kilos de sable chargé en électricité statique afin de faire précipiter les nuages. Le résultat s'avère négatif et le président Calvin Coolidge refuse d'accorder une subvention pour ces recherches.

En 1930, c'est l'armée chinoise qui s'intéresse à la modification du climat : des avions dispersent dans les nuages un agent refroidissant appelé « deolin » au-dessus de Hong Kong, alors victime d'une sécheresse terrible.[34] Même si c'est un échec, cette opération prouve que les Chinois, bien avant la découverte du Dr Schaefer, sont proches du principe de la production de pluie artificielle encore utilisé de nos jours.

Lumière dans le brouillard

L'une des premières réalisations réussies de modification du temps à des fins militaires remonte à la Seconde Guerre mondiale, avec l'invention britannique du système Fido,[35] visant à dissiper le brouillard au-dessus des aérodromes anglais, cause de nombreux crashs d'avions. Le principe consiste à chauffer l'air à l'aide de rangées de brûleurs.

Tandis que la densité du brouillard ne permet pas de visibilité au-delà d'une quarantaine de mètres, le premier essai a lieu le 4 novembre 1942 et s'avère concluant : tout est dissipé sur une superficie de 200 m^2 et jusqu'à près de trente mètres de hauteur.

Des installations sont construites le long des pistes d'atterrissage et la première utilisation opérationnelle de Fido intervient un an plus tard, le 19 novembre 1943 :

> Quatre avions Halifax se posèrent avec succès après une mission de bombardement de la Rhur, bien que la visibilité n'atteignait pas cent mètres. Mais dix minutes après le déclenchement de Fido, la visibilité au-dessus de la piste d'atterrissage avait augmenté jusqu'à trois à six kilomètres. À partir de ce jour, plus de 2 500 avions alliés avec leurs équipages, soit plus de 10 000 soldats, se

---

34. Source : *The Weather Changers*, Daniel S. Halacy, Jr., Harper & Row, 1968.
35. « Fog Investigation Dispersal Operations » (« fog » signifie « brouillard »). Le système fut développé par le département d'ingénierie chimique de l'Université de Birmingham.

posèrent en sécurité – beaucoup d'entre eux dans un brouillard dense.[36]

La dernière offensive majeure des nazis dans les Ardennes est stoppée grâce au fait que les bombardiers alliés peuvent décoller et se poser avec l'assistance de Fido, bien que le brouillard recouvre l'Europe.

Fido est testé aux États-Unis après la fin du conflit et utilisé de nouveau pendant la guerre de Corée (1950-1953). Son efficacité est indubitable, mais le coût exorbitant : le système brûle environ 250 000 litres de fuel par heure, ce qui exclut toute utilisation commerciale.

Cette première va donner des idées aux Dr Folamour[37] de tout poil : s'engage alors une course à l'armement climatique, qui, même si elle fut moins médiatisée et emblématique de la guerre froide que le nucléaire, n'en est pas moins intense.

Le projet Thunderstorm[38] (1946-1949)

Sous la pression des militaires mais aussi des compagnies aériennes, le Congrès promulgue une loi dès 1946 qui permet à l'U.S. Weather Bureau de lancer une étude pour comprendre la structure interne des orages. Les opérations sont menées sous le nom de « The Thunderstorm Project ». Une première phase débute en 1946 en Floride, suivie d'une seconde dans l'Ohio à l'été 1947.

Une plaque commémorative dans la petite ville de St. Cloud, Floride, à proximité de ce qui deviendra Disney World, donne aujourd'hui encore toutes les explications :

Le projet Thunderstorm

« Par un après-midi d'été s'annoncèrent des orages au-dessus de ce lieu. Ils sont si fréquents que l'on n'y prête plus guère attention, pourtant ils sont vitaux pour l'économie de l'État : ils fournissent l'essentiel des précipitations annuelles de la Floride, mais la foudre et les vents violents s'avèrent parfois coûteux.

---

36. *The War Illustrated*, volume 9, n°210, 6 juillet 1945.
37. Personnage issu du film de Stanley Kubrick *Docteur Folamour ou comment j'ai appris à ne plus m'en faire et à aimer la bombe* (titre original : *Dr. Strangelove or: How I Learned to Stop Worrying and Love the Bomb*), au cinéma en 1964.
38. « Thunderstorm » signifie « orage » en anglais.

C'est ici qu'à l'été 1946, des scientifiques utilisèrent un radar climatologique, des vols de pénétration, des sondages par ballon et un réseau extensif d'instruments au sol afin de procéder pour la première fois à des mesures qui conduisirent à la compréhension de la structure et du cycle des orages.

Ce site fut choisi car leur fréquence en Floride est supérieure à n'importe quelle autre zone d'Amérique du Nord. Le projet Thunderstorm fut conduit par l'U.S. Weather Bureau, l'Air Force, la Navy et le Naca (précurseur de la Nasa). Des scientifiques de l'Université de Chicago analysèrent les données. Les théories qu'ils développèrent à partir des observations effectuées ici en 1946 et dans la phase Ohio du projet l'été suivant demeurent la pierre angulaire de notre compréhension des orages et des événements qui leur sont associés tels que la grêle, les vents violents, les pluies diluviennes et les tornades. »

Ce projet, bien que de durée relativement courte, aura des répercussions majeures sur les opérations futures de modification du climat, y compris pour les militaires.

Les choses sérieuses commencent

Les projets civils, c'est bien, mais, évidemment, les militaires ne peuvent s'en contenter. Il n'est pas besoin de relire Sun Tzu ou Clausewitz pour comprendre que la manipulation du climat conférerait un avantage indéniable sur l'ennemi, tant les conditions climatiques peuvent décider du sort d'une bataille voire d'un régime.

Les premières expériences interviennent dès 1949, principalement à la base de China Lake, créée par l'U.S. Navy en 1943 dans le désert des Mojaves, en Californie du Nord. Cette base, dont le nom officiel est la Naval Air Weapons Station China Lake, est spécialisée dans la conception de missiles, de bombes... Ses chercheurs ont même participé au projet Manhattan, qui permit de mettre au point les premières bombes atomiques lâchées sur Hiroshima et Nagasaki en 1945.

D'autres centres militaires participent aussi aux recherches. Ainsi, l'U.S. Air Force Cambridge Research Laboratories, dans le Massachusetts, effectue des tests d'ensemencement des nuages au printemps et à l'hiver 1949.

Différents projets sont également lancés par l'U.S. Air Force et l'U.S. Navy sous l'égide du ministère de la Défense, notamment The Artificial Cloud Nucleation Project en 1951. Développé en collaboration avec l'U.S. Weather Bureau et plusieurs universités américaines, ce projet d'envergure prévoit ni plus ni moins que de « clarifier les principales incertitudes concernant l'utilisation des techniques de modification du climat ».

Le groupe d'experts de ce programme propose les champs d'expérimentation et de tests suivants :

– Projet 1. Les cyclones extra-tropicaux. Son objet consiste à vérifier s'il est possible de modifier le développement et le comportement des cyclones par un ensemencement artificiel. L'étude est financée par l'Office of Naval Research, les vols opérationnels sont effectués par l'U.S. Navy Hurricane Reconnaissance Squadron et les données météorologiques sont analysées sous la direction du Dr J. Spar de l'Université de New York ;

– Projet 2. Les systèmes nuageux migratoires. L'objectif vise à déterminer dans quelle mesure peuvent être augmentées les précipitations sur de vastes systèmes tels que des fronts nuageux ou des cyclones. C'est l'U.S. Weather Bureau qui est impliqué dans ce projet ;

– Projet 3. Les nuages convectifs. L'étude vise à mesurer jusqu'à quel point peuvent être modifiés artificiellement les cumulus et les cumulo-nimbus. Le projet est sponsorisé par le Cambridge Research Center de l'U.S. Air Force ; l'Air Force Research and Development Command fournit la logistique pour les vols ;

– Projet 4. Les stratus froids et le brouillard. Ce projet, piloté par les Signal Corps Engineering Laboratories (SCEL), se concentre sur les techniques pour dissiper le brouillard ;

– Projet 5. Les brouillards givrants. L'objectif est d'étudier la physique de ces brouillards et de comprendre les causes locales qui peuvent les générer, tels que les points d'eau, la pollution... C'est l'U.S. Air Force qui signe ce contrat avec le Stanford Research Institute ;

– Projet 6. Les stratus chauds. L'armée de terre signe un contrat avec la société Arthur D. Little, afin d'étudier les techniques pour modifier ces nuages. Des générateurs aériens sont même construits et testés à cet effet.

Différentes bases sont mises à contribution, comme la Ramey Air Force Base, à Porto Rico, qui effectue début 1954 des essais d'ensemencement des nuages.

Les militaires américains n'ont donc pas perdu de temps pour tester les techniques de modification du climat. Ils ne se contentent pas non plus du territoire national, puisque l'Armée de terre effectue en 1956 des tests de modification climatique au-dessus de l'Allemagne fédérale, du Groenland et de l'île d'Ellesmere (au nord du Canada, l'une des dix plus grandes îles au monde, de près de 200 000 km^2).

L'armée française d'abord

La bataille de Diên Biên Phu se déroule du 20 novembre 1953 au 7 mai 1954, au nord du Vietnam. Une revue vietnamienne[39] en racontant l'histoire rapporte que le 23 avril 1954, soit deux semaines avant la fin, le staff du général Henri Navarre, commandant en chef des forces françaises en Indochine, envoie un message radio au général René Cogny, commandant des troupes du Tonkin, pour l'informer que cent cinquante paniers de charbon actif et cent cinquante sacs de ballast lui seront expédiés de Paris le lendemain pour générer de la pluie artificielle, dans le but d'entraver le mouvement et l'approvisionnement de l'ennemi.

C'est la première tentative militaire connue d'ensemencement des nuages sur un théâtre de guerre, mais nous ne savons pas si elle put être mise en œuvre.

Quoi qu'il en soit, elle ne pouvait empêcher ni même retarder la défaite inéluctable de la France en Indochine.

Le Comité Orville

Les programmes de modification du temps s'accélèrent aux États-Unis, car Washington est convaincu que les Soviétiques sont en train de développer des armes climatiques et environnementales.

Dès 1952 est présent à la Maison Blanche un conseiller spécial à la modification du climat auprès du président Eisenhower. Un pas supplémentaire est franchi en 1953 avec la création par le Congrès

---

39. *Vietnamese Studies, No.3, Contributions to the History of Dien Bien Phu*, Hanoi Xunhasaba, mars 1965, p. 201.

du U.S. Advisory Committee on Weather Control,[40] dénommé « Comité Orville », du nom de son président, le capitaine Howard T. Orville.

Diplômé de l'U.S. Naval Academy, il obtient un master en météorologie au Massachusetts Institute of Technology en 1930. Pendant la Seconde Guerre mondiale, il est conseiller météorologique auprès des plus hautes autorités de la Navy.

Après sa nomination, il donne une longue interview sur la manipulation du climat au magazine *Collier's* parue dans le numéro du 28 mai 1954, qui en fait sa couverture sous le titre *Weather made to order?*[41] H. Orville commence par présenter les possibilités de modification du temps et les bienfaits à en attendre sur le plan civil, notamment la lutte contre la sécheresse et les ouragans : « les tornades ont fait 794 morts [...] sur une seule année aux États-Unis ». Il passe ensuite à la partie militaire, en se référant à « l'étude détaillée » effectuée par le capitaine de corvette William J. Kotsch,[42] météorologiste à la Navy. Différentes hypothèses sont évoquées :

– des sous-marins perturberaient les opérations aériennes de l'ennemi en déclenchant des pluies artificielles dans sa zone d'intervention. La conséquence serait l'abaissement du plafond et de la visibilité, ce qui bloquerait les avions au sol ;

– une flotte ou des forces terrestres pourraient se cacher aux yeux de l'ennemi en créant leur propre temps.

Continuant de se référer à l'étude de W. Kotsch, H. Orville explique ensuite que les Soviétiques seraient désavantagés en cas de guerre climatique stratégique, car « le climat se déplace de façon caractéristique de l'ouest vers l'est. [...] des avions de contrôle du climat opérant à partir de bases en Europe de l'Ouest pourraient noyer n'importe quelle zone ciblée de la Russie, coupant les lignes d'approvisionnement et les mouvements des unités armées en faisant s'enliser dans la boue les convois de camions et de tanks ».

Son enthousiasme est sans borne : « La modification du climat pourrait aussi être utilisée pour attaquer les réserves de nourriture de l'ennemi.

---

40. Le « Comité consultatif sur le contrôle du climat ». Il sera officiellement établi par le Congrès le 13 août 1953, sous la Public Law 256, signée par le président Eisenhower.
41. *Le climat sur commande ?*
42. Nous ne l'avons pas retrouvée dans les archives militaires américaines. Il produira toutefois une nouvelle étude en 1960 (cf. ci-dessous).

Les nuages pourraient être interceptés en route,[43] sur-ensemencés et asséchés, privant les récoltes de l'humidité nécessaire et causant ainsi une situation militaire aussi sérieuse que le manque de munitions. »

À ce stade de ses explications, le capitaine Orville considère qu'il faut certainement apaiser les lecteurs : « Ces utilisations possibles de contrôle climatique sont seulement théoriques. »

Ouf ! Nous voilà rassurés... sauf qu'il ajoute :

> La Navy n'expérimente pas activement dans cette voix, car nous n'avons pas encore atteint la maîtrise de l'atmosphère que requièrent de telles opérations.

Il termine ainsi son interview :

> ... de la recherche permanente dans ce domaine pourrait produire des développements totalement nouveaux, dont on ne peut encore rêver aujourd'hui, qui permettront bien d'autres avancées dans la maîtrise du climat que les possibilités que j'ai suggérées.
>
> L'homme pourrait bien être au seuil d'une nouvelle ère dans lequel il réfutera l'adage que le temps ne peut pas être changé.

Quatre ans pour conclure

En fait, le mandat que le Comité Orville a reçu du Congrès ne porte pas uniquement sur les activités militaires de modification du temps, et la loi qui l'institue le précise sans ambiguïté :

> Un acte pour créer un comité afin d'étudier les expériences publiques et privées en matière de modification du temps.

La suite du texte se fait plus explicite :

> Il est raisonnable d'anticiper, cependant, que la modification et le contrôle du climat, s'ils sont effectifs à grande échelle, causeraient de profonds changements dans notre mode de vie actuel et généreraient d'importants bénéfices pour l'agriculture, l'industrie, le commerce, le bien-être général et la défense.

Et voici la mission telle qu'elle est définie dans la section 3 :

> Le Comité effectuera une étude et une évaluation complètes des expériences publiques et privées en matière de modification du

---

43. En français dans le texte.

temps, dans le but de déterminer dans quelle mesure les États-Unis devraient expérimenter, s'engager dans ou réguler les activités destinées à contrôler les conditions climatiques.

Ce sera donc quasi exclusivement des programmes civils qui seront étudiés, les principaux étant les projets Overseed, Sailplane, Skyfire, Seabreeze, Santa Barbara, etc., principalement à l'initiative d'agences fédérales ou nationales. Au total, ce sont des centaines d'ensemencements qui sont analysés scientifiquement sous presque toutes les « coutures » possibles.

Prévue à l'origine pour une durée de deux ans avec remise du rapport final le 30 juin 1956, la mission est prorogée jusqu'au 31 décembre 1957,[44] date à laquelle le Comité Orville rend son rapport final, intitulé *Final Report of the Advisory Committee on Weather Control*. Il recommande, évidemment, de poursuivre les recherches en matière de contrôle du climat.

Pourtant, le rapport ne traite pas de la guerre climatique. Il est probable que cette partie ait fait l'objet de rapports intermédiaires, non destinés à être portés à la connaissance du public, donc de... l'ennemi. Pourtant, dans l'article de *Newsweek*[45] paru quelques jours après la publication du *Final Report*, il n'est question que de guerre climatique ou presque ; c'est même le titre de l'article (*Weather Is a Weapon: New Race With Reds*). H. Orville y déclare :

> Si une nation inamicale est en position de contrôler le climat sur une large échelle avant que nous y parvenions, les conséquences pourraient être plus désastreuses encore qu'une guerre nucléaire.

Le journaliste cite deux autres scientifiques qui enfoncent le clou :

– le Dr Edward Teller, surnommé « le père de la bombe à hydrogène », qui déclare devant un sous-comité du Sénat : « Imaginez un monde... où [les Soviétiques] pourraient changer les précipitations au-dessus de la Russie... et influencer les nôtres de manière contraire. Ils diraient : « Nous sommes désolés des dommages que nous vous causons,

---

44. W. J. Orville sollicite cette prorogation dans une lettre au Président le 8 février 1956, où il écrit que cette demande ne provient pas du fait que « le Comité a échoué à faire le travail dans le délai imparti, mais parce qu'il a réussi à établir des résultats positifs et importants qui justifient que le Gouvernement fédéral poursuive son intérêt particulier pour le sujet ».
45. N° du 13 janvier 1958 : *Le climat est une arme : la nouvelle course avec les Rouges*.

mais nous faisons simplement ce que nous devons afin de permettre à notre peuple de vivre. »

– Le Pr Henry G. Houghton, météorologiste au MIT : « Je frémis à l'idée des conséquences si les Russes découvraient en premier une méthode opérationnelle pour contrôler le climat. [...] Une modification défavorable de notre climat sous l'apparence d'un effort pacifique pour améliorer celui de la Russie pourrait sérieusement affaiblir notre économie et notre capacité à résister. »[46]

Ce n'est pas encore assez clair ? Il suffit de demander au Directeur de la recherche de l'U.S. Weather Bureau, le Dr Harry Wexler, cité en conclusion :

> J'ai demandé une fois à un météorologue russe comment ils font pour les budgets. Il me répondit : « Nous n'avons qu'à demander l'argent dont nous avons besoin et nous l'obtenons. » Ça nous fait baver [sic].

Inutile de préciser qu'il fut demandé beaucoup plus de fonds pour la recherche à la session suivante du Congrès...

L'un des supporters enthousiastes de ces techniques est le futur président des États-Unis, le sénateur Lyndon B. Johnson, qui déclare en 1957 devant la Chambre des représentants et le Sénat :

> À partir de l'espace, on pourrait contrôler le climat de la Terre, générer la sécheresse ou des inondations, changer les marées et augmenter le niveau des mers, rendre froids des climats tempérés.

Or, en trois ans, la situation va évoluer de « possibilité » à « question de survie » :

> La question n'est plus de savoir si l'Humanité sera capable de modifier le climat sur une large échelle et de contrôler le climat [mais] quels scientifiques y parviendront les premiers, les Américains ou les Russes ? La capacité de contrôler le climat deviendra pour les États-Unis et le Monde libre la clé de leur survie.[47]

---

46. Ce paragraphe est extrait du *Final Report* du Comité, et c'est quasiment le seul passage dans tout le rapport où il est question d'utiliser le climat à des fins militaires.
47. William S. Kotsch, *Weather Control and National Strategy*, U.S. Naval Institute Proceedings, juillet 1960.

Les Anglais en trombe...

Le 15 août 1952, quatre-vingt-dix millions de tonnes d'eau et des milliers de tonnes de rochers s'abattent sur le petit village de Lynmouth, dans le Devon, faisant trente-quatre ou trente-cinq victimes selon les sources.

Officiellement, les pluies torrentielles en sont la cause, puisqu'il est tombé près de trente centimètres d'eau dans les vingt-quatre heures précédentes. Au total, les précipitations de ce funeste mois d'août représentent environ deux cent cinquante fois la moyenne habituelle.

Rien ne relie alors cette catastrophe à des opérations de rainmaking, car, en 1952, le public a encore moins connaissance qu'aujourd'hui de ces opérations de modification du temps. Pourtant, des témoins parlent d'avions survolant la zone et d'une forte odeur de soufre, laissant supposer que des expériences d'ensemencement des nuages ont eu lieu, comme aux États-Unis.

Il faut attendre 2001, soit cinquante ans plus tard, pour que le lien soit établi entre la catastrophe de Lynmouth et ces essais conduits par l'armée. La BBC enquête alors sur des documents militaires et découvre l'existence d'un programme appelé « Operation Cumulus ». Elle poursuit ses investigations et il apparaît que des expériences d'ensemencement ont été conduites dans la région du 4 au 15 août 1952 sous la responsabilité du ministère de la Défense avec le concours de la Royal Air Force.

Un des pilotes de l'époque, Alan Yates, reconnaît y avoir répandu les produits chimiques nécessaires à l'expérience, et que toute l'équipe se congratule devant les résultats obtenus, jusqu'au moment où le bulletin d'informations de la BBC fait état de la tragédie. C'est alors la consternation générale et l'Opération Cumulus est suspendue.

Confrontés à ces graves accusations, le ministère de la Défense nie en avoir été informé. De son côté, le Bureau météorologique réfute le fait que des expériences d'ensemencement des nuages aient été conduites en Grande-Bretagne avant 1955. Mais grâce à des journaux de bord de la Royal Air Force (R.A.F.) et des témoignages de pilotes, la BBC prouve que ces opérations ont commencé dès 1949.

Les journalistes livrent d'autres détails : les scientifiques de l'Opération Cumulus étaient basés à l'école aéronautique de Cranfield, ils travaillaient en collaboration avec les équipes de recherche de la R.A.F. et du ministère de la Défense de Farnborough, les produits chimiques provenaient de l'usine ICI de Billingham,[48] etc.

Malgré la précision de ces informations, les familles des victimes attendent toujours, plus de soixante ans après les faits, qu'une enquête officielle soit ouverte. Inutile d'ajouter qu'il y a peu de chances qu'elle ait lieu : les autorités britanniques continuent de nier les faits, de toute évidence par peur de devoir verser des dommages et intérêts colossaux, à l'échelle de la tragédie qui a endeuillé cette petite commune en ce 15 août 1952.

Même s'il a été annoncé que l'Opération Cumulus avait cessé après la catastrophe de Lynmouth, il n'a pas été déclaré toutefois que ces opérations n'avaient pas continué sous un autre nom de code... En effet, les minutes déclassifiées d'une réunion de l'armée de l'air qui se tient au War Office le 3 novembre 1953, soit plus d'un an après Lynmouth, révèlent que les militaires cherchaient toujours à augmenter les pluies et la neige par des moyens artificiels, afin de pouvoir « enliser les mouvements de l'ennemi », « augmenter le débit des rivières et des torrents afin de gêner ou de stopper l'ennemi », dissiper le brouillard dans l'espace aérien...

Ils vont même jusqu'à envisager de faire exploser des bombes atomiques au cœur d'un système de tempête ou de nuages ensemencé, ce qui aurait pour immense avantage de « produire une zone beaucoup plus large de contamination radioactive qu'une explosion atomique normale ». *No comment*.

N'est-ce pas Clémenceau qui déclara que « la guerre est une affaire trop sérieuse pour la confier à des militaires » ?

Faut-il la confier aux scientifiques ?
Nigel Calder, auteur scientifique, publie *Unless Peace Comes*[49] en 1968, dans lequel il fait appel à plusieurs experts sur le thème de l'évolution de l'armement, dont le général André Beaufre, alors directeur de l'Institut français d'études stratégiques. Les différents chapitres portent sur les armes biologiques, chimiques, nucléaires et, évidemment, environnementales.

---
48. *The Guardian*, John Vidal et Helen Weinstein, 30 août 2001.
49. *Unless Peace Comes*, Nigel Calder, The Penguin Press, 1968. Édition française : *Les Armements modernes*, Flammarion, 1970.

Cette partie est rédigée par le Pr Gordon J. F. MacDonald, directeur adjoint de l'Institut de géophysique et de physique planétaire à l'Université de Californie et ancien membre du Comité des conseillers scientifiques du président L. B. Johnson. Il l'intitule « Comment détraquer la Nature » – on ne peut être plus clair... – et commence ainsi :

> Parmi les moyens futurs d'atteindre divers objectifs nationaux par la force, il y en a qui exploitent la capacité de l'homme de contrôler et de manipuler les phénomènes naturels de la planète. S'il se concrétise, ce pouvoir sur le milieu ambiant offrira à l'homme une force nouvelle, susceptible de causer des destructions considérables et aveugles. [...] Il se pourrait que dans ce monde-là, les armes nucléaires fussent effectivement mises hors la loi – et alors les armes de destruction massive seraient celles du bouleversement de la nature.
>
> [...] J'entends démontrer que ces armes sont particulièrement appropriées aux guerres clandestines et secrètes.

Comment procéder ? Il suffit de demander :

> La clef de la guerre géophysique, c'est de reconnaître des situations naturelles instables auxquelles il suffit d'ajouter une petite quantité d'énergie pour libérer des quantités d'énergie beaucoup plus grandes. [...] La libération de cette énergie pourrait avoir des effets planétaires (modification du climat) ou locaux (tremblements de terre provoqués, ou pluies abondantes).

Le Pr MacDonald expose ensuite différentes possibilités de modification du climat, que l'on pourrait qualifier d'« assez classiques », telles que le déclenchement de précipitations, l'utilisation des tempêtes, des ouragans, de la foudre, de la calotte glaciaire, des courants océaniques, des tremblements de terre, etc. En revanche, sa présentation d'autres techniques ne peut qu'interpeller :

> Des résultats plus immédiats, plus brefs peut-être mais néanmoins désastreux, peuvent être prédits si l'on met au point les moyens chimiques ou physiques d'attaquer un des composants naturels de l'atmosphère : l'ozone. [...] À doses modérées, cette radiation [les rayons ultraviolets] provoque les coups de soleil. Si elle était reçue à la surface dans toute sa force, ce serait la fin de toute vie – y compris les récoltes et les troupeaux, qui ne pourraient pas chercher

d'abri. L'ozone est reconstitué chaque jour, mais on pourrait créer un « trou » temporaire dans la couche d'ozone au-dessus d'un objectif, par une action physique ou chimique.

Rétrospectivement, nous pouvons nous interroger si le trou dans la couche d'ozone avait pour seule cause les chlorofluorocarbones ou CFC... D'autant plus que Lowell Ponte confirme dans plusieurs articles en 1972 et dans son livre *The Cooling*[50] que le ministère de la Défense a développé un nouveau type de canon laser qui pourrait être installé sur un satellite géostationnaire et produire ces trous dans la couche d'ozone au-dessus d'une zone ciblée, par exemple le Vietnam. Il commente ensuite les hypothèses du Pr MacDonald :

> Les tremblements de terre feraient d'excellentes armes, écrit MacDonald, et de même pour les tsunamis que les tremblements sous-marins peuvent produire. Si l'électricité atmosphérique peut être contrôlée, des orages pourraient être dirigés contre un ennemi. Et peut-être que toute vibration électrique dans l'atmosphère pourrait être contrôlée dans le but de détériorer les structures délicates des rythmes biologiques ou des ondes cérébrales de la population dans un autre pays.

> Le ministère de la Défense est intervenu dans tous les domaines que MacDonald décrit. [...] Il a étudié les moyens d'endommager la couche d'ozone à la fois avec des lasers et par le bombardement de réactifs chimiques. Il a étudié les moyens de détecter et de générer des tremblements de terre à travers « Prime Argus », un projet de la Darpa.[51] Il a étudié la foudre à travers les ressources du projet Skyfire et la manipulation des ouragans grâce à son rôle dans le projet Stormfury.

> Et dans le cadre du projet Sanguine, le Pentagone a étudié les effets potentiels sur les êtres humains des impulsions électriques dans l'atmosphère. [...] Le projet Sanguine consistait à enterrer quelque part aux États-Unis une antenne d'environ 40 000 km². Cette antenne serait utilisée pour transmettre plusieurs millions de watts d'énergie sur des radiofréquences très basses qui pourraient péné-

---

50. Lowell Ponte, *The Cooling*, Prentice-Hall Inc., 1976.
51. La Darpa (Defense Advanced Research Projects Agency) est l'agence du Pentagone qui, comme son nom l'indique, est spécialisée dans la recherche de pointe sur des projets militaires, y compris dans le domaine spatial.

trer l'eau. Quels seraient les effets de si puissantes transmissions sur les êtres humains vivant à proximité de l'antenne ?

Il y a toutefois un domaine abordé par le Pr MacDonald dont on peut penser que les militaires ne l'ont pas encore testé, en tout cas à l'époque :

> Nous avons découvert à la surface du soleil des instabilités importantes, qui pourraient être exploitées d'ici un certain nombre d'années. Dans une éruption solaire, par exemple, 10^{10} mégatonnes d'énergie sont emmagasinées dans des champs magnétiques déformés. Des techniques d'avant-garde pour le lancement des fusées et le déclenchement d'explosions puissantes peuvent nous permettre dans l'avenir de tirer profit de telles instabilités.

Dommage que ce scientifique n'ait pas de projet de manipulation de la galaxie, les militaires auraient sans doute été intéressés.

Signalons toutefois que le Pr Gordon J. F. MacDonald militera quelques années plus tard en faveur d'un traité général d'interdiction de l'arme climatique et environnementale, comme nous le verrons dans un prochain chapitre.

Faut-il la confier aux politiques ?

Avant d'arriver à cette prise de conscience, il avait déjà fait parler de lui par une autre de ses contributions à un livre collectif, *Toward The Year 2018*,[52] dans lequel il était chargé de la rédaction du chapitre 2, intitulé *Space*. Voici ce qu'il écrit à l'époque :

> D'ici l'année 2018, la technologie offrira aux dirigeants des principales nations un ensemble de techniques pour conduire une guerre secrète avec le minimum de forces armées. [...] Des techniques de modification du climat pourraient être employées pour produire des périodes prolongées de sécheresse et de tempête, affaiblissant ainsi une nation et la forçant à accepter les exigences de son adversaire.

2018... la date est déjà dépassée.

---

52. *Toward The Year 2018*, Foreign Policy Association, Cowles Education Corporation, 1968.

Dans son livre *Between Two Ages*,[53] Zbigniew Brzezinski, le futur très influent conseiller à la sécurité nationale de Jimmy Carter (1977 à 1981) et co-fondateur de la Commission trilatérale avec David Rockefeller, reprend cette idée. Il commence par rappeler le commentaire désuet de Friedrich Engels en 1878 à propos de la guerre franco-prussienne sur le fait que « les armes employées ont atteint un tel stade de perfectionnement que tout progrès supplémentaire, susceptible d'avoir une influence que l'on pourrait qualifier de révolutionnaire, n'est désormais plus possible », avant de poursuivre :

> Non seulement les armes ont été perfectionnées, mais certains concepts de base de la géographie ont été fondamentalement modifiés : le contrôle de l'espace ou du climat a remplacé la maîtrise de Suez ou de Gibraltar comme facteur clé de la stratégie.
>
> En plus d'un arsenal de fusées améliorées, de missiles à têtes multiples, et de bombes plus puissantes et plus précises, les perfectionnements futurs porteront peut-être sur des navires de guerre spatiaux automatiques ou dirigés par l'homme, sur des installations au fond des mers, des armes chimiques et biologiques, des rayons de la mort et d'autres formes d'armement – on pourra même changer les conditions météorologiques. Ces nouvelles armes pourront faire espérer une victoire complète et relativement « bon marché », permettre l'ouverture de conflits par personnes interposées, décisifs par leurs résultats stratégiques, mais dans lequel ne sera impliqué qu'un nombre limité de combattants.

Pourquoi ce souci d'une victoire « relativement bon marché » ? Lorsque paraît *Between Two Ages* en 1970, les États-Unis sont engagés dans la guerre du Vietnam pour la somme annuelle, exorbitante à l'époque, de trente milliards de dollars (même en dollars constants, ce chiffre est encore bien inférieur au futur gouffre de la guerre en Irak).

Nil Bleu
En 1957, les Soviétiques lancent le satellite Spoutnik, battant les Américains dans la course à l'espace. En réponse, le président Einsenhower crée en 1958 l'Advanced Research Projects Agency (Arpa, devenant la Darpa en 1972, le « D » signifiant « Defense »), dont le but est de formuler et opérer des projets de recherche et développement afin que

---
53. Édition française : *La Révolution technétronique*, Calmann-Lévy, 1971.

la technologie militaire américaine soit toujours plus sophistiquée que celle de ses ennemis potentiels.

En 1969, l'Arpa commence à financer « Nil Bleu », un programme de recherche de modification du climat, décrit ainsi officiellement :

> Étant donné qu'il apparaît désormais hautement probable que les principales puissances mondiales disposent de la capacité de créer des modifications climatiques qui peuvent nuire sérieusement à la sécurité de ce pays, le sous-projet Nil Bleu est lancé à partir de l'année fiscale 70 afin que les États-Unis soient en mesure de :
>
> 1. évaluer toutes les conséquences d'une variété d'actions possibles pouvant modifier le climat ;
>
> 2. détecter les tendances dans la circulation globale qui prédisent les changements climatiques naturels ou artificiels ;
>
> 3. déterminer, si possible, les moyens de contrer les changements climatiques potentiellement délétères.

Le programme Nil Bleu, renommé ensuite « Climate Dynamics », est resté centré essentiellement sur la création de modèles climatologiques, et non pas sur le développement d'armes climatiques. En fait, elles étaient déjà opérationnelles et à l'œuvre depuis plusieurs années dans le plus grand secret.

Vietnam : la guerre climatique secrète

Selon des sources états-uniennes, ce serait la Central Intelligence Agency (CIA), et non les militaires, qui, la première, aurait utilisé la production artificielle de pluie en conditions réelles : elle s'en serait servi en 1963 à Saïgon pour contrôler une manifestation de rue bouddhiste. Cette opération reste secrète, et il est difficile de la considérer comme un acte de guerre à part entière.

Il faut donc attendre le début de la décennie suivante pour découvrir que l'utilisation du climat à des fins militaires est déjà une réalité depuis plusieurs années. Ainsi, *The Washington Post* et plusieurs quotidiens américains[54] publient le 18 mars 1971 quelques lignes étonnantes sous

---

54. *The Times Reporter* (Ohio), *Waterloo Daily Courier* (Iowa), *The Cumberland News* (Maryland), *Lock Haven Express* (Pennsylvanie), *Middlesboro Daily News* (Kentucky), *The Daily Republic* (Dakota du Sud), *Oshkosh Daily Northwestern* (Wisconsin), *Alton Evening Telegraph* (Illinois), *The High Point Enterprise* (Caroline du Nord), *The Times* (Californie), *Manitowoc Herald Times* (Wisconsin), *Chillicothe Constitution-Tribune* (Missouri), *Garden City Telegram* (Kansas)...

la plume de Jack Anderson,[55] qui révèle que l'U.S. Air Force utilise des techniques pour faire pleuvoir au Vietnam dans le but d'affaiblir l'armée ennemie. Cette opération secrète porte le nom de code « Intermediary-Compatriot ».

Cette fuite a des répercussions politiques puisque le secrétaire à la Défense,[56] Melvin R. Laird est auditionné le 18 avril 1972 devant le Comité des affaires étrangères du Sénat, où il affirme que « nous n'avons jamais engagé ce type d'activité au-dessus du Nord-Vietnam ».

Il se rétracte dans une lettre le 28 janvier 1974, déclarant qu'il vient d'apprendre que ces opérations ont bel et bien eu lieu.

Torrents sur le Vietnam
Sous le titre *U.S. Admits Rain-Making From '67 to '72 in Indochina: A First in Warfare*,[57] Seymour Hersh révèle dans le *New York Times* du 19 mai 1974 que « le département de la Défense a reconnu devant le Congrès que l'Air Force et la Navy ont participé à des opérations extensives de déclenchement de pluies artificielles en Asie du Sud-Est de 1967 à 1972 afin de tenter de ralentir les mouvements de troupes et les approvisionnements nord-vietnamiens via la piste Ho Chi Minh » ; le programme porte le nom de code Operation Popeye.

Cet article fait suite à une audition au Sénat, pourtant classifiée « Top secret », qui s'est tenue le 20 mars sous la présidence du sénateur Claiborne Pell : plusieurs militaires et hauts fonctionnaires de la Défense doivent s'expliquer sur les opérations de manipulation du climat menées pendant la guerre du Vietnam.

Après les préliminaires d'usage en pareille circonstance, le colonel Soyster, de l'état-major inter-armes, commence par préciser que la mousson qui vient du sud-ouest de mai à juin génère des pluies quasi-quotidiennes sur cette zone de l'Asie du Sud-Est, ce qui détrempe les sols presque jusqu'à septembre et rend les routes quasiment im-

---

55. Jack Northman Anderson (1922-2005) est un éditorialiste et journaliste d'investigation très connu aux États-Unis. Il remporta le prestigieux prix Pulitzer en 1972 et ne se fit pas que des amis dans les administrations successives suite aux nombreux dossiers sensibles qu'il dévoila.
56. Pour mémoire, le secrétaire à la Défense aux États-Unis correspond à notre ministre de la Défense.
57. « *Les États-Unis admettent avoir déclenché des pluies artificielles de 1967 à 1972 en Indochine ; une première en temps de guerre.* »

praticables. L'objectif de l'Opération Popeye consiste à amplifier cette situation pour perturber sinon stopper les opérations terrestres de l'ennemi en déversant des produits chimiques dans les nuages, en les « ensemençant », selon la terminologie désormais adoptée.

Après quelques explications techniques sur le fonctionnement des nuages, il poursuit son exposé :

> Les cartouches d'ensemencement utilisées ont été développées au Centre d'armement naval, à China Lake, Californie, et ne sont pas classifiées. Ces cartouches et les techniques utilisées sont identiques à celles employées dans les projets connus du grand public de déclenchement de pluies artificielles – par exemple, aux Philippines, à Okinawa, au Texas – et le projet de recherche Stormfury.

Le colonel Soyster précise que les produits chimiques répandus dans les nuages sont de l'iodure d'argent ou de plomb, et que tous les nuages ne sont pas propices à ce type d'expérience. Puis il aborde l'historique des opérations :

> En 1966, l'Office of Defense Research and Engineering proposa un concept consistant à utiliser ces techniques connues de modification du climat dans des zones choisies de l'Asie du Sud-Est comme moyen d'annihiler les opérations logistiques de l'ennemi.

> Courant octobre 1966, un test scientifiquement contrôlé du concept et des techniques fut conduit au Laos à Panhandle. [...] Cinquante-six ensemencements furent réalisés et plus de 85 % des nuages testés réagirent favorablement. Le 9 novembre 1966, le commandant en chef de la zone Pacifique (CINCPAC) déclara le test achevé et conclut que l'ensemencement des nuages [...] pouvait être utilisé comme une arme tactique de valeur.

> L'analyse de l'environnement indiqua qu'il n'y aurait pas de danger pour la vie ou la santé dans les zones ciblées. [...]

> Le programme fut suivi de près et étroitement contrôlé. Lorsque les opérations de reconnaissance montraient que les objectifs avaient été atteints sur une zone, les ressources étaient affectées à une autre. [...]

> Avec le succès du programme pilote et les quelques considérations que je viens de présenter, la phase opérationnelle commença le 20 mars 1967 et continua chaque année pendant la mousson pluvieuse du sud-ouest (mars-novembre) jusqu'au 5 juillet 1972.

Abasourdi par ce qui vient d'être froidement exposé, le sénateur Pell l'interrompt :

« Pouvez-vous répéter cette phrase ? », et le colonel Soyster de s'exécuter. Puis, à l'aide de cartes, il détaille par date les différentes zones du Vietnam, du Laos et du Cambodge qui ont subi ces opérations répétées.

Il communique les chiffres année par année :

Année	Nombre de sorties d'avions	Nombres de cartouches tirées
1967	591	6 570
1968	737	7 420
1969	528	9 457
1970	277	8 312
1971	333	11 288
1972	139	4 362
Total	**2 605**	**47 409**

Pour l'ensemble de la campagne, il y a donc eu plus de 2 600 sorties d'avion et 47 000 cartouches tirées, principalement sur le Vietnam, un peu moins sur le Laos et le Cambodge.

Le colonel Soyster poursuit son exposé en expliquant que la sélection des zones d'ensemencement dépendait de l'importance des lignes stratégiques et la possibilité de les couper en augmentant les précipitations.

Voici sa conclusion pour l'ensemble de l'opération :

> Les résultats du projet ne peuvent être quantifiés précisément. C'est dû au nombre insuffisant de stations au sol pour fournir les renseignements. Toutefois, la Defense Intelligence Agency, utilisant des techniques empiriques et théoriques basées sur les cartouches tirées et sur les propriétés physiques des masses d'air ensemencées, a estimé que les précipitations avaient été augmentées, sur des zones limitées, jusqu'à 30 % de plus que ce qu'annonçaient les prévisions dans les conditions existantes. Des enregistrements

à partir de capteurs et d'autres informations à la suite des ensemencements révélèrent les difficultés de l'ennemi dues aux fortes chutes de pluie.

De façon subjective, nous pensons que ces précipitations furent plus fortes que celles qui auraient dû normalement tomber et que cela contribua effectivement à ralentir le flux des approvisionnements en direction du Sud-Vietnam via la piste Ho Chi Minh.

Pour illustrer l'efficacité du programme, intéressons-nous au mois de juin 1971, où la mousson du sud-ouest est bien documentée. [...] Je voudrais souligner qu'au début d'avril, des capteurs à distance recensaient neuf mille mouvements logistiques de l'ennemi par semaine dans l'est du Laos ; ce nombre était tombé à moins de neuf cents à la fin juin.

Des essais infructueux
Toutes les tentatives ne sont pas couronnées de succès. Ainsi, d'autres substances que l'iodure d'argent sont testées à la fin des années 60, tels que des composés pour déstabiliser le sol, dans le but d'empêcher l'infiltration par les routes. Menés semble-t-il par la CIA, ces essais sont abandonnés par l'Air Force, car ils mettent en danger les équipages des avions. En effet, la dispersion de ces produits s'effectue à la pelle par la porte ouverte d'avions C-130 volant à basse altitude, qui constituent alors des cibles de choix.

Une autre innovation est testée : aux ensemencements sont ajoutés des produits chimiques spécifiques afin de générer des pluies acides. Le but est de tromper les radars ennemis, qui ne peuvent plus ensuite diriger les missiles sol-air sur les avions américains. Effectués en 1967 et 1968 sur le Nord-Vietnam, ces tests sont suspendus par la suite faute de résultats probants.

Secret d'État
L'Opération Popeye étant considérée comme sensible, nous découvrons en reprenant la lecture de l'audition au Sénat que les vols sont masqués en simples opérations de reconnaissance météorologique, donnant lieu à la publication non classifiée de rapports. En revanche, les rapports relatifs au programme sont transmis quotidiennement au chef d'état-major inter-armes par des canaux de communication spé-

ciaux. Le colonel Soyster révèle également que 1 400 personnes environ ont eu accès aux informations de l'Opération Popeye. Malgré ce nombre non négligeable, le programme reste secret pendant presque toute la durée de la guerre.

Le sénateur Pell témoigne ensuite de son étonnement quant au degré élevé de classification de ces opérations. Ses interlocuteurs semblent gênés par la question, car le sénateur est obligé d'insister pour se voir répondre finalement que c'est à cause de la sensibilité du programme.

Il y eut néanmoins des fuites, malgré toutes les précautions prises. Par suite, les militaires durent changer le nom de code initial d'« Operation Compatriot » en « Operation Intermediary » puis « Operation Popeye », après qu'ils fussent successivement découverts.

Dennis J. Doolin, assistant adjoint au département de la Défense (affaires Asie orientale et Pacifique) révèle ensuite que l'opération fut approuvée au sommet de l'État, par le ministre de la Défense puis par la Maison Blanche. Il se reprend un peu plus tard dans l'audition en déclarant qu'il ne sait pas si, finalement, le département de la Défense se contenta d'en informer la Maison Blanche ou sollicita son approbation. En tout cas, les plus hautes autorités américaines connaissaient l'Opération Popeye. Cela n'est d'ailleurs pas surprenant.

En revanche, WikiLeaks publie un câble émis le 23 mai, consécutivement à cette audition, par le Département d'État à l'attention de ses bureaux au Cambodge et à Genève (ONU) qui confirme que les opérations ont été conduites à partir de la Thaïlande, mais que le gouvernement thaï n'en a pas été informé préalablement. Il est ensuite précisé que si cette question est abordée, le Département répondra : « No comment ».

Cuba or not Cuba?

L'échange ci-dessous est retranscrit dans son intégralité :

– Sén. Pell : Etant donné que ce programme est si secret, pensez-vous qu'il pourrait exister d'autres programmes de modification climatique conduits actuellement par le Gouvernement dont vous n'auriez pas connaissance ? Je ne pose pas cette question de façon facétieuse, c'est juste que je ne sais pas.

– M. Doolin : C'est possible, mais je ne le pense pas. Il existe une décision présidentielle prise il y a deux ans sur la modification climatique. Seulement deux projets de modification climatique à l'étranger ont été approuvés depuis lors – un visait à supprimer le brouillard au-dessus du canal de Panama et l'autre était une opération de lutte contre la sécheresse aux Açores.

– Sén. Pell : Nous l'avons aussi utilisé, je crois, sur des bases amicales avec d'autres pays pour « nettoyer », entre autres, des zones aéroportuaires.

– M. Doolin : À ma connaissance, Monsieur, ce sont les deux seules opérations depuis la décision présidentielle. Avant, par exemple, nous avons procédé à une opération de lutte contre la sécheresse à Okinawa. Une fois, nous avons assisté les Philippines.[58] Depuis la décision présidentielle, il y a eu des demandes des États africains de la zone sahélienne. Comme ces technologies sont disponibles auprès de sociétés commerciales, nous avons décidé de conseiller ces pays de se tourner vers elles.

– Sén. Pell : Est-ce que les forces armées ont fourni du support ou de l'entraînement ou du matériel dans ce domaine à des groupes, troupes ou gouvernements étrangers ?

– Col. Kaehn : Jusqu'à un certain niveau, les Philippines se sont montrées intéressées par nos techniques, notre recherche et développement, et notre méthodologie. Le dispositif est disponible commercialement.

– Sén. Pell : De toute façon, la recherche est déclassifiée.

– Col. Kaehn : Exactement.

– Sén. Pell : Et, de plus, il n'y aucune loi d'aucune sorte actuellement qui l'interdise.

– Col. Kaehn : Non, Monsieur, d'après mes informations.

– Sén. Pell : Et à votre connaissance, nous n'avons déclenché aucune opération de modification climatique contre Cuba ?

– M. Doolin : Non, Monsieur.

Si le sujet tombe sur Cuba, c'est parce qu'à la suite de l'échec cuisant de la Baie des Cochons, le président John Kennedy donne son accord

---

58. Effectivement, Ferdinand Marcos, président des Philippines, demande en 1969 l'aide des États-Unis en matière de modification du climat pour lutter contre la sécheresse terrible qui frappe le pays depuis deux ans. L'U.S. Air Force est chargée de cette mission, intitulée « Gromet II ». Cinquante-huit opérations d'ensemencement sont conduites du 28 avril au 18 juin 1969 sur l'ensemble de l'archipel, et donnent des résultats spectaculaires, au point que les Philippins poursuivront eux-mêmes le programme à partir de l'année suivante.

le 30 novembre 1961 pour mener tous types d'actions, y compris le sabotage et l'assassinat, afin de se débarrasser de Fidel Castro.

Ces opérations, connues sous le nom de « The Cuban Project » ou « Operation Mongoose », sont dirigées par le général de l'U.S. Air Force Edward Lansdale. Elles emploient plus de 2 500 personnes et durent au minimum une quinzaine d'années, officiellement jusqu'en 1975.

Malgré le démenti de D. Doolin devant le Sénateur Pell, il semble que des opérations de modification climatique contre Cuba aient effectivement été pratiquées, non pas à l'initiative du Pentagone, mais de la CIA, bien que, selon des sources que nous avons pu consulter, les avions auraient décollé de la base militaire de China Lake, ce qui impliquerait aussi les militaires.

Un article de l'agence UPI repris par le *Palm Beach Post-Times* du 27 juin 1976[59] confirme une partie des faits. Nous retrouvons Lowell Ponte, qui explique dans cette interview :

« Les opérations d'ensemencement à proximité de Cuba devaient diminuer les précipitations, pas les augmenter. Elles étaient supposées vider les nuages de leur pluie avant qu'ils atteignent l'île. Vous pouvez dire que nous avons essayé de mettre un embargo sur les nuages pluvieux. »

Moins de pluie signifie la chute de la récolte de canne à sucre, l'une des principales richesses de l'île, déjà victime de l'embargo (« blocus » en espagnol) des États-Unis depuis 1962. Ainsi, à défaut de soumettre Cuba par la force, on ruine son économie.

Lowell Ponte poursuit en précisant que les opérations démarrent en 1970, après que Fidel Castro ait déclaré que le gouvernement communiste obtiendrait une récole record de dix-neuf millions de tonnes de sucre. « La CIA décida, après les promesses de Castro, que l'échec démoraliserait son peuple et rejaillirait sur le communisme dans son ensemble. »

Le climat erratique qui règne ensuite sur Cuba entraîne effectivement la chute de la production de sucre, mais pas celle de Fidel Castro.

En conclusion, Lowell Ponte souligne le fait que « notre gouvernement essaya secrètement de manipuler le climat d'une autre nation, avec

---

59. *Ex-researcher Says US Seeded Clouds over Cuba*, *Palm Beach Post-Times*, 27 juin 1976.

laquelle nous n'étions pas en guerre, afin de lui causer des troubles économiques et politiques ».

Signalons que d'autres sources indiquent que ces opérations d'arme climatique contre Cuba auraient aussi eu lieu en 1966 et 1969, et se seraient révélées des plus efficaces.[60]

Un câble diplomatique du 29 octobre 1976 publié par WikiLeaks révèle que lors d'un comité à l'ONU, le délégué cubain attaque les États-Unis sur leurs activités de défoliation au Vietnam mais aussi de manipulation du climat au-dessus de Cuba en 1969 et 1970 afin de ruiner la production de sucre. Il poursuit avec l'Opération Popeye. Le représentant étatsunien rétorque que ce comité n'a pas pour but « l'auto-propagande flagrante » et rejette les charges. Le Cubain rétorque qu'il « se contentait de citer l'agence UPI et que, malgré ces actions, Cuba et le Vietnam avaient triomphé ».

Guerre environnementale
Après Cuba, le sénateur Pell pose la question suivante : « Y a-t-il une position coordonnée sur les armes environnementales, pas seulement la guerre climatique, mais aussi les autres moyens utilisant l'environnement comme arme ?

– D. Doolin : À ma connaissance, non. »

Le sénateur insiste : « Ce qui m'intéresse, ce n'est pas en soi le déclenchement artificiel de la pluie, mais ce qui va sortir en ouvrant cette boîte de Pandore. Allons-nous développer une technique qui permettra à la fois de créer et de diriger un ouragan ou un typhon ? Serons-nous capables de procéder à des modifications géophysiques, déposer une charge sous la surface et attendre le tremblement de terre ? »

Le général Furlong botte militairement en touche : « Le témoignage que vous avez déjà reçu provient, je crois, de personnel plus compétent que n'importe qui du département de la Défense. Je ne pense pas que nous puissions vous éclairer. »

---

60. Le 5 avril 1966, alors qu'il moissonne de la canne à sucre devant les médias, Fidel Castro déclare que la production de sucre à Cuba diminuera de plus d'un million de tonnes à cause de la sécheresse. Il ajoute : « ...je fonde de grands espoirs dans l'utilisation de la pluie artificielle. Les trois personnes au monde qui connaissent le mieux le sujet étaient là hier. » Cette déclaration de F. Castro a dû paraître savoureuse à la CIA si elle a réellement contribué aux sécheresses cubaines.

Le sénateur revient à la charge un peu plus tard : « [...] Vous ne travaillez actuellement sur aucun de ces projets ?

– Col. Kaehn : Non, Monsieur.

– Sén. Pell : Le développement de typhons ou le déclenchement de tremblements de terre ou la **fonte de la banquise au Groenland**,[61] rien de la sorte ?

– Col. Kaehn : Non, Monsieur. »

Au cours de l'audition, le sénateur Pell explique son insistance : « La raison pour laquelle je soulève ces questions est qu'elles concernent directement le traité de modification climatique que je propose. »

Effectivement, sera signée quelques années plus tard à l'ONU la Convention sur l'interdiction d'utiliser des techniques de modification de l'environnement à des fins militaires ou toutes autres fins hostiles, dite « Convention Enmod ». Malgré la détermination réelle de Claiborne Pell, ce fut à un train de sénateur.

Voici la légende au dos de la photo : « C'est un amplificateur de pluie. Plaine de Salisbury, Angleterre – Il semblerait que l'artilleur Jeffrey

Downham soit en train d'amorcer une sorte de poêle pour se réchauffer durant une garde sur la plaine de Salisbury, mais il n'en est rien. La machine est l'une parmi de nombreuses autres testées dans des expériences de rainmaking, dont le but prometteur est d'augmenter la pluie naturelle (plutôt que de la créer) un jour où il n'y aurait eu sinon que du crachin. La machine brûle du fioul contenant de l'iodure d'argent, dont les minuscules cristaux s'élèvent dans le ciel grâce aux mouvements naturels de l'air, afin d'« ensemencer » les nuages porteurs de pluie. Crédit (United Press Photo) – 31 octobre 1955. » (coll. de l'auteur)

---

61. Souligné par nous.

Chapitre 4

Le temps des conventions

> International control of weather modification will be as essential to the safety of the world as control of nuclear energy is now.[62]
> Henry G. Houghton
> Membre du Comité Orville
> Président du Département de météorologie au Massachusetts Institute of Technology,

D'abord aux États-Unis...
À partir de 1965 se répand l'idée qu'il faut réfléchir à une convention internationale au sujet de la modification du climat, car si un pays la pratique à grande échelle, même pour des applications civiles, cela pourrait provoquer de graves conséquences pour ses voisins, et au-delà.

Le procureur Edward A. Morris l'explique dans un article du *Bulletin of the American Meteorological Society*[63] :

> Il devrait aussi être prêté attention à la situation internationale. Nous devrions essayer d'obtenir un accord international portant sur le contrôle à large échelle. Sans aucun doute, il sera difficile d'y parvenir, étant donné que personne ne sait exactement ce que nous essayons de réguler. Cependant, un accord devrait être plus facilement envisagé et des concessions plus volontiers faites par une nation qui ne sait laquelle sera la première à réussir la percée scientifique que par celle qui se trouve être la première et la seule à posséder, pour cause de savoir ou de géographie, le pouvoir de changer le climat des autres pays.

Harlan Cleveland, ancien secrétaire d'État aux organisations internationales, le confirme :

---

62. « Le contrôle international de la modification du temps sera aussi essentiel à la sécurité du monde que l'est actuellement le contrôle de l'énergie nucléaire. » Octobre 1957.
63. Cité dans *The Weather Changers*, opus cité, p. 232.

Nous ne voudrions pas que les autres nations puissent modifier notre climat, et, par conséquent, nous aurons certainement à accepter des restrictions quant à notre liberté de modifier le leur.

La Commission spéciale sur la modification du temps de la National Science Foundation préconise alors dans son rapport publié en 1966 que « les États-Unis poursuivent leurs efforts dans la modification du temps et du climat à des fins pacifiques et pour l'amélioration constructive des conditions de la vie humaine partout dans le monde et [...] que, reconnaissant les intérêts des autres pays, ils accueillent et sollicitent leur coopération, directement et à travers des accords internationaux [...] ».

Certes, l'idée est dans l'air, mais parvenir à un accord international nécessitera encore de nombreuses années.

...mais rien en Suède...

Du 5 au 16 juin 1972 se tient à Stockholm la Conférence des Nations Unies sur l'environnement, dont le but est d'examiner « la nécessité d'adopter une conception commune et des principes communs qui inspireront et guideront les efforts des peuples du monde en vue de préserver et d'améliorer l'environnement ». Cette conférence, à laquelle participent plus de cent pays, est considérée comme le premier « Sommet de la Terre » et donnera naissance, entre autres, au PNUE (Programme des Nations Unies pour l'environnement).

La lecture de la déclaration finale témoigne que tous les problèmes actuels de protection de l'environnement, de développement, de préservation des ressources naturelles, de pollution... sont déjà annoncés, donc il y a plus de quarante ans. Inutile de rappeler ce qui a été réalisé depuis, alors même que « la Conférence demande aux gouvernements et aux peuples d'unir leurs efforts pour préserver et améliorer l'environnement, dans l'intérêt des peuples et des générations futures ».

Le Principe 21 stipule que « conformément à la Charte des Nations Unies et aux principes du droit international, les États [...] ont le devoir de faire en sorte que les activités exercées dans les limites de leur juridiction ou sous leur contrôle ne causent pas de dommage à l'environnement dans d'autres États ou dans des régions ne relevant d'aucune juridiction nationale », mais il n'est pas fait explicitement référence aux programmes militaires qui pourraient utiliser l'environnement comme arme. Seul le Principe 26, le dernier de la déclaration finale de la Conférence, aborde la question militaire :

> Il faut épargner à l'homme et à son environnement les effets des armes nucléaires et de tous autres moyens de destruction massive. Les États doivent s'efforcer, au sein des organes internationaux appropriés, d'arriver, dans les meilleurs délais, à un accord sur l'élimination et la destruction complète de telles armes.

Belle déclaration d'intention, mais de peu de portée... Et pourquoi ne pas mentionner expressément les armes contre l'environnement, puisque c'est le sujet de la Conférence ? Certes, il pourrait être objecté que les délégués ne sont pas au courant que se déroule le Programme Popeye au Vietnam pendant qu'ils débattent confortablement à Stockholm.

Pourtant, la modification du climat est alors une réalité depuis plus de vingt ans, y compris à des fins militaires, ce qu'aucun délégué d'une telle conférence ne peut ignorer. Sans parler de la tristement célèbre opération Ranch Hand, toujours au Vietnam, dont l'objectif consiste à défolier la jungle pour en chasser les combattants communistes :

> Entre 1962 et 1971, l'aviation militaire américaine a répandu quelque 70 millions de litres d'herbicides très puissants, notamment « l'agent orange ». Environ 1,7 million d'hectares ont ainsi été « arrosés », souvent à plusieurs reprises », bien que des « craintes ont été exprimées dès le départ sur la toxicité de l'agent orange, pour les êtres humains comme pour les végétaux. En 1964, la Fédération des scientifiques américains a condamné l'opération Ranch Hand, en la considérant comme une expérience chimique injustifiée. Elle n'a toutefois été suspendue qu'après la publication de plusieurs rapports en 1970 et 1971, qui établissaient un lien entre les malformations de nouveaux-nés et l'agent orange.[64]

La Conférence de Stockholm de 1972 dispose donc de tous les éléments d'appréciation pour dépasser l'Article 26 et prendre une position forte sur la protection de l'environnement face aux militaires. Cela aurait toutefois signifié plus ou moins directement la mise en cause des États-Unis et de leurs exactions au Vietnam, ce qu'ils n'auraient pas accepté ; cette initiative des Nations Unies serait alors probablement mort-née.

---

64. Fred Pearce, *Le Courrier de l'Unesco*, mai 2000.

Quoi qu'il en soit, ce n'est pas cette conférence qui va bannir la militarisation de l'environnement.

... puis entre le Canada et les États-Unis...
Ce n'est pas non plus la convention suivante (dans l'ordre chronologique), qui va stopper le mouvement en marche. Au contraire même, car le 26 mars 1975, les gouvernements américain et canadien signent l'« Accord sur l'échange de renseignements relatifs aux activités visant à modifier le temps ». Voici les articles principaux, afin d'éclairer le lecteur sur ce qui se tramait déjà il y a environ quarante ans :

Le Gouvernement du Canada et le gouvernement des États-Unis d'Amérique.

Conscients, en raison de leur proximité géographique, que les effets des activités visant à modifier le temps exercées par l'une ou l'autre partie ou leurs ressortissants peuvent avoir des répercussions dans le territoire de l'autre partie ;

Notant la diversité des activités visant à modifier le temps exercées tant au Canada qu'aux États-Unis par des particuliers, par les autorités des Provinces et des États et par les gouvernements fédéraux ;

Estimant que l'état actuel des connaissances permet d'espérer en des progrès futurs dans le domaine de la science et de la technologie relatives à la modification du temps ;

Tenant particulièrement compte des traditions spéciales de notification et de consultation préalables et d'étroite collaboration qui caractérisent depuis longtemps leurs relations ;

Estimant qu'un prompt échange de renseignements pertinents concernant la nature et la portée des activités d'intérêt mutuel visant à modifier le temps pourrait faciliter, au profit des deux parties, le développement de la technologie relative à la modification du temps ;

Reconnaissant l'intérêt qu'il y a à développer la partie du droit international se rapportant aux activités visant à modifier le temps qui ont des effets transfrontières ;

Est convenu de ce qui suit :

Article I
Aux fins du présent accord :

(a) « Activité visant à modifier le temps », signifie toute activité exercée dans le but de produire des changements artificiels dans la composition, le comportement ou la dynamique de l'atmosphère ;

(b) « Activité d'intérêt mutuel visant à modifier le temps » signifie une telle activité exercée à l'intérieur ou au-dessus du territoire d'une partie, dans un rayon de 200 miles de la frontière internationale ou une activité, où qu'elle soit exercée, qui, de l'avis de l'une des parties, pourrait influer de façon marquée sur la composition, le comportement ou la dynamique de l'atmosphère du territoire de l'autre partie ;

[...]

Article IV
Outre qu'elle échangera des renseignements conformément aux dispositions de l'article II du présent accord, chaque partie convient d'aviser et de tenir dûment informée l'autre partie de toute activité visant à modifier le temps qu'elle prévoit d'exercer, avant le début de ladite activité. La partie intéressée s'efforcera d'aviser l'autre partie le plus à l'avance possible du début de ladite activité en gardant présent à l'esprit les dispositions de l'article V du présent accord.

Article V
À la demande de l'une ou l'autre partie, les deux parties conviennent de se consulter sur des activités particulières d'intérêt mutuel visant à modifier le temps. Lesdites consultations s'amorceront promptement à la demande d'une des parties ; dans les cas d'urgence, elles pourront se faire par téléphone ou par l'entremise de tout autre moyen de communication rapide. Les consultations se tiendront dans le cadre des lois, règlements et pratiques administratives des parties touchant la modification du temps.

Article VI
Les deux parties conviennent qu'en cas d'extrême urgence, comme les incendies de forêt, l'une ou l'autre partie pourra se voir dans l'obligation d'exercer des activités d'intérêt mutuel visant à modifier le temps, nonobstant le manque de temps nécessaire à la notification préalable,

conformément à l'article IV, ou à la consultation, conformément à l'article V. Le cas échéant, la partie qui entreprend ces activités avisera et tiendra dûment informée l'autre partie dans les plus brefs délais possible et elle entrera promptement en consultation avec celle-ci, à sa demande.

Article VII
Aucune disposition du présent accord ne se rapporte ou ne devra être interprétée comme se rapportant à la question de la responsabilité ou des obligations se rattachant aux activités visant à modifier le temps ou comme impliquant l'existence de quelque règle de droit international généralement applicable que ce soit. [...]

Fait en doubles exemplaires à Washington le vingt-sixième jour de mars 1975 en anglais et en français, les deux textes faisant également foi.

Jeanne Sauvé	Christian A. Herter
Pour le Gouvernement du Canada	Pour le Gouvernement des États-Unis d'Amérique

... de nouveau à Washington avant Moscou...

Un an avant l'audition concernant l'opération Popeye, le sénateur Claiborne Pell prépare un texte qui sera voté en juillet 1973 par le Sénat à 82 voix contre 10 sous la résolution 71. Il vise à la signature d'un traité international « afin d'interdire et de prévenir, en quelque lieu que ce soit, toute activité de modification de l'environnement ou géophysique comme arme de guerre ».

L'idée poursuit son chemin, puisqu'un sommet entre les États-Unis et l'URSS aboutit un an plus tard au communiqué suivant :

Déclaration commune des USA et de l'URSS
sur la guerre environnementale
Moscou, 3 juillet 1974

Les États-Unis d'Amérique et l'Union des républiques socialistes soviétiques :

Désirant limiter le danger potentiel pour l'humanité de possibles nouveaux moyens de guerre ;

Prenant en considération que les progrès scientifiques et techniques dans les domaines de l'environnement, ce incluse la modification du climat, peuvent ouvrir des possibilités pour l'utilisation des techniques de modification de l'environnement à des fins militaires ;

Reconnaissant qu'une telle utilisation pourrait avoir des effets étendus, durables et sévères nuisibles au bien-être humain ;

Reconnaissant aussi qu'une utilisation appropriée des avancées scientifiques et techniques pourrait améliorer la relation entre l'homme et la nature ;

1. Préconisent les mesures les plus efficaces possibles pour triompher des dangers de l'utilisation des techniques de modification de l'environnement à des fins militaires.

2. Ont décidé d'organiser cette année une réunion de délégués des États-Unis et soviétiques dans le but d'explorer ce problème.

3. Ont décidé de discuter aussi des dispositions qui pourraient être prises pour générer les mesures dont il est question dans le paragraphe 1.

Ce texte ainsi qu'un projet de convention internationale sont soumis par l'URSS aux Nations Unies, dont l'Assemblée générale décide le 9 décembre 1974, lors de sa 29e session, d'inclure dans l'ordre du jour prévisionnel de la prochaine session une rubrique intitulée « Interdiction de l'action dans le but d'influencer l'environnement et le climat à des fins militaires et hostiles, qui sont incompatibles avec le maintien de la sécurité internationale, de la santé et du bien-être humains ».

L'espoir est donc permis.

...retour à Washington...
Pendant ce temps, des élus opposés à la modification du climat à des fins militaires, le sénateur Pell et les représentants Gude et Fraser, ne relâchent pas pour autant la pression : ils écrivent au président Gerald Ford le 23 avril 1975, lui demandant que les recherches dans ce domaine ne soient effectuées qu'à des fins pacifiques et qu'elles soient toutes placées sous l'autorité d'une agence fédérale responsable de-

vant le président et le Congrès. En effet, ainsi que le rappelle Lowell Ponte à l'époque dans *The Cooling* :

> Des officiels admettent que les modèles climatiques du Pentagone ont étudié les voies, les moyens et les résultats probables de la fonte des calottes glaciaires, et les conséquences possibles des plans soviétiques pour faire fondre la banquise en Arctique. Ils ont aussi étudié comment créer et diriger des tornades et des ouragans, et comment déstabiliser le climat en Union soviétique, en Chine et à Cuba, de façon à ruiner leurs récoltes et renforcer « l'arme alimentaire » U.S.
>
> Une telle recherche est controversée car elle semble contraire à l'éthique américaine de la guerre.

Les trois élus poursuivent leurs actions sur le plan législatif : quelques mois plus tard, le 29 juillet 1975, la Chambre des représentants, par le biais de son sous-comité aux Relations internationales, présidé justement par D. M. Fraser, organise une audition en vue d'étudier le texte de la House Resolution 28, dont l'objectif est d'appeler « le gouvernement des États-Unis à trouver un accord avec les autres membres des Nations Unies pour l'interdiction de la recherche, de l'expérimentation ou de l'utilisation de l'activité de modification du temps comme arme de guerre ».[65]

Donald M. Fraser rappelle en préambule à l'audition que son pays et l'Union soviétique, comme suite au sommet de l'année précédente à Moscou, sont sur le point de signer à l'automne un traité sur la guerre environnementale et qu'il s'agit d'un sujet d'importance. Il tire ensuite la sonnette d'alarme :

> Mais il existe des indications qui nous perturbent quant au fait que les accords éventuels seraient permissifs, autorisant certains types de guerre environnementale. Un tel pacte pourrait bien devenir le modèle pour le monde et soulever beaucoup plus de problèmes qu'il n'en résout.

Le représentant du peuple déplore ensuite l'absence de celui du gouvernement – ce qui, effectivement, enlève beaucoup de portée à

---

65. *Prohibition of weather modification as a weapon of war – Hearing before the Subcommittee on International Organizations of the Committee on International Relations*, House of Representatives, Ninety-fourth Congress, first session, H. Res. 28... July 29, 1975. University of Michigan Library.

l'audition – avant de passer la parole au Pr Gordon MacDonald, notre vieille connaissance : il n'apporte guère de nouvelles informations, mais il conclut son intervention en recommandant qu'au minimum soit signée une convention prononçant l'interdiction de toute modification climatique à des fins militaires.

Mais, malgré l'activité diplomatique apparente, y a-t-il une réelle volonté politique ? La réponse est sans doute apportée par Mark Looney, de la War Resisters League,[66] qui soumet une contribution à cette audition :

> Le niveau d'honnêteté et de coopération des administrations Johnson, Nixon et Ford sur les activités de modification du climat laissent à désirer. Des mensonges de Melvin Laird au Comité des relations étrangères du Sénat sur l'utilisation au Vietnam, à la réponse molle récente du président Ford à la lettre des représentants Fraser et Gude, nous constatons que l'information sur la modification du climat est soit présentée sous un faux jour ou révélée seulement à la suite de fortes pressions. Il pourrait en être déduit que l'administration voie la modification du climat comme une arme importante et est peut-être engagée dans une opération de couverture de ses activités actuelles.
>
> À une époque où il est clair que l'armée des États-Unis peut fabriquer de la pluie, causer de la sécheresse et disperser le brouillard, il est intéressant de noter que les météorologues annoncent que le climat de la planète est en train de changer.

(Nous avons gardé cette dernière phrase, car n'est-elle pas toujours d'actualité ? De plus, elle nous paraît encore plus lourde de sens quatre décennies plus tard)

...et enfin à l'ONU

Dans le mois qui suit cette audition devant le sous-comité de la Chambre des représentants, un projet de convention est présenté conjointement par les États-Unis et l'URSS à la Conférence du désarmement des Nations Unies du 21 août 1975.

Il faudra encore un peu plus d'un an de négociation pour aboutir à l'adoption par l'Assemblée générale de l'ONU, le 10 décembre 1976,

---

66. « La War Resisters League résiste à la guerre à l'intérieur et à l'étranger depuis 1923. » (site internet de l'association).

de « la Convention sur l'interdiction d'utiliser des techniques de modification de l'environnement à des fins militaires ou toutes autres fins hostiles », dite « Convention Enmod ».

Les motivations des Nations Unies exprimées dans le préambule sont sans ambiguïté :

> « [...] Reconnaissant que les progrès de la science et de la technique peuvent ouvrir de nouvelles possibilités en ce qui concerne la modification de l'environnement, [...]
>
> Conscients du fait que l'utilisation des techniques de modification de l'environnement à des fins pacifiques pourrait améliorer les relations entre l'homme et la nature et contribuer à protéger et à améliorer l'environnement pour le bien des générations actuelles et à venir,
>
> Reconnaissant, toutefois, que l'utilisation de ces techniques à des fins militaires ou toutes autres fins hostiles pourrait avoir des effets extrêmement préjudiciables au bien-être de l'homme,
>
> Désireux d'interdire efficacement l'utilisation des techniques de modification de l'environnement à des fins militaires ou toutes autres fins hostiles, afin d'éliminer les dangers que cette utilisation présente pour l'humanité, et affirmant leur volonté d'œuvrer à la réalisation de cet objectif, [...]
>
> Sont convenus ce qui suit : »

Suivent dix articles, dont le premier stipule que « Chaque État partie à la présente Convention s'engage à ne pas utiliser à des fins militaires ou toutes autres fins hostiles des techniques de modification de l'environnement ayant des effets étendus, durables ou graves, en tant que moyens de causer des destructions, des dommages ou des préjudices à tout autre État partie. »

Lors d'un entretien, Luc Mampaey, directeur du Grip,[67] a attiré notre attention sur une anomalie de cet article : il est expressément stipulé que ne sont protégés que les « États parties » à cet accord, ce qui signifie qu'un État signataire pourrait « légalement » utiliser l'arme environnementale contre un État qui n'aurait pas ratifié Enmod.

---

67. Groupe de recherche et d'information sur la paix et la sécurité (Bruxelles) – www.grip.org

Nous pouvons nous étonner ensuite que l'Article I ne s'arrête pas après « modification de l'environnement », ce qui donnerait :

> « Chaque État partie à la présente Convention s'engage à ne pas utiliser à des fins militaires ou toutes autres fins hostiles des techniques de modification de l'environnement. »

Stipulé ainsi, ce serait limpide et efficace, et la question serait réglée. Or, la deuxième partie de la phrase affaiblit nettement l'idée générale... Bizarre ? Nous y reviendrons.

L'Article II précise que « l'expression "techniques de modification de l'environnement" désigne toute technique ayant pour objet de modifier – grâce à une manipulation délibérée de processus naturels – la dynamique, la composition ou la structure de la Terre, y compris ses biotes, sa lithosphère, son hydrosphère et son atmosphère, ou l'espace extra atmosphérique. »

Il confirme qu'existent donc dès les années soixante-dix, au moins à l'état de recherche, des techniques élargies de modification de l'environnement. Le texte n'indique pas lesquelles ? Des précisions seront apportées dans les « accords interprétatifs » de la Convention Enmod, qui la complètent et sont le résultat de négociations entre les États.

Ainsi, l'accord interprétatif relatif à l'Article II offre des exemples de ces techniques de modification de l'environnement : « tremblements de terre ; tsunamis ; bouleversement de l'équilibre écologique d'une région ; modifications des conditions atmosphériques (nuages, précipitations, cyclones de différents types et tornades) ; modifications des conditions climatiques, des courants océaniques, de l'état de la couche d'ozone ou de l'ionosphère. »

L'accord ajoute :

> Il est convenu, en outre, que la liste d'exemples figurant ci-dessus n'est pas exhaustive. D'autres phénomènes qui pourraient être provoqués par l'utilisation de techniques de modification de l'environnement telles qu'elles sont définies à l'Article II pourraient y être ajoutés, le cas échéant.

Le texte de la résolution présenté initialement par l'Union soviétique aux Nations Unies liste d'autres catastrophes climatiques artificielles pouvant être utilisées comme armes de guerre, mais elles n'ont pas été reprises dans l'accord interprétatif.

Voici les principales : « création de champs électromagnétiques et acoustiques permanents au-dessus des océans » ; « action directe ou indirecte pour influencer les processus électriques dans l'atmosphère » ; « modification de l'état naturel des rivières, lacs, marais et autres éléments aqueux » ; « causer l'érosion » ; « brûler la végétation et autres actions conduisant au bouleversement écologique du royaume végétal et animal »...

Certes, rien ne dit que les Américains et les Soviétiques maîtrisent alors toutes ces armes environnementales, mais elles existent indubitablement à l'état minimum de potentialités, voire d'expériences.

Pour le lecteur sceptique, citons ne serait-ce que le projet Seal, appelé aussi « Bombe tsunami », peu connu du grand public. L'histoire commence pendant la Seconde Guerre mondiale, lorsqu'un officier de l'U.S. Navy constate les effets sur les récifs coralliens des vagues créées par des explosions.

C'est dès 1944, donc sans attendre la fin de la guerre, que les militaires états-uniens, en collaboration avec la Nouvelle-Zélande, dont l'Université d'Auckland pour la partie scientifique, se lancent dans le développement d'un système de bombes capable de déclencher un tsunami. Ils pensent alors que son potentiel est aussi important que celui de la bombe atomique.[68]

Nous pourrions citer d'autres exemples d'armes environnementales, mais revenons à l'ONU.

Enmod, enfin !

La « Convention sur l'interdiction d'utiliser des techniques de modification de l'environnement à des fins militaires ou toutes autres fins hostiles » est adoptée par l'Assemblée générale de l'ONU le 10 décembre 1976, puis proposée à la signature des États le 18 mai 1977, avant d'entrer en vigueur le 5 octobre 1978 pour une durée illimitée (Article VII).

Elle est signée dès mai 1977 par les États-Unis d'Amérique, l'Union soviétique, l'Angleterre, l'Allemagne, l'Italie, l'Espagne, etc. L'Inde et le Brésil la ratifieront aussi, et la Chine les rejoindra en juin 2005. Au total, l'ONU compte à ce jour plus de soixante-dix pays signataires.

---

68. Pour une information plus détaillée sur le projet Seal et l'arme tsunami en général, lire *L'Arme environnementale – La manipulation de l'environnement par les militaires*, du même auteur, Talma Studios, 2017.

Un pays notamment résiste toujours à Enmod : la France ! C'est même le seul membre permanent du Conseil de sécurité de l'ONU à ne pas avoir apposé sa signature. Que faut-il en déduire ? Que les militaires français ne pratiquent pas ce genre d'expérimentations ? Ou qu'ils envisagent de les mettre en pratique ? Ou bien s'agit-il d'un oubli diplomatique ?

Cela signifie aussi que, n'étant pas un « État partie », nous ne sommes pas protégés des agressions climatiques, puisque tout État ayant signé Enmod qui veut nous attaquer « climatiquement » peut le faire en toute impunité.

Et, ainsi que nous le verrons dans le dernier chapitre, peut-être l'avons-nous déjà été...

Ouverte à toutes les interprétations
Même si la France n'a pas ratifié cette convention, son existence devrait permettre aux citoyens de la planète de s'endormir rassurés. En toute logique, oui. Pour en avoir discuté avec son service juridique, c'est même ce que défend le Comité international de la Croix-Rouge (CICR), qui continue d'ailleurs de proposer cette convention à la ratification des États qui ne se seraient pas encore exécutés.

Pourtant, il n'a pas échappé au lecteur attentif que cette convention présente un trou béant, plus grand que le trou de la couche d'ozone qu'elle est censée protéger, entre autres. En effet, ainsi que nous l'avons souligné ci-dessus, l'Article I contient une petite précision, toute petite, comme dans les contrats d'assurance, mais qui change tout : « ayant des effets étendus, durables ou graves ». C'est tellement vague et sujet à interprétation que ces notions vident presque Enmod de son sens.

Qu'à cela ne tienne, l'ONU a ajouté un accord interprétatif, dont voici les termes :

> « a) Il faut entendre par "étendus" les effets qui s'étendent à une superficie de plusieurs centaines de kilomètres carrés ;
>
> b) "Durables" s'entend d'une période de plusieurs mois, ou environ une saison ;
>
> c) "Graves" signifie qui provoque une perturbation ou un dommage sérieux ou marqué pour la vie humaine, les ressources naturelles et économiques ou d'autres richesses. »

Cet accord interprétatif reste presque autant vague que l'Article I qu'il est censé clarifier : « plusieurs centaines de kilomètres carrés », combien est-ce, exactement ? Surtout que c'est largement plus que la superficie de n'importe quelle capitale dans le monde. Et « une période de plusieurs mois » ou même « une saison », n'est-ce pas une éternité pour une catastrophe « naturelle » ?

En revanche, la notion de « graves » telle qu'elle est définie devrait normalement exclure toute possibilité d'utilisation de l'arme environnementale et ce indépendamment de « durables » et « étendus ». Le CICR a donc raison de promouvoir Enmod, malgré ses limites.

Les mots de la discorde

La faiblesse d'Enmod était d'ailleurs évidente dès le début, ainsi que le Sénateur Pell résuma la situation en 1976 :

> – Pr Weiss : Aucune raison ne justifie la présence des trois adjectifs « étendus, durables ou graves ». Par conséquent, ma recommandation serait d'effacer ces mots du texte.
>
> – Sénateur Pell : Ce serait aussi ma recommandation, mais mes recommandations ne sont pas acceptées. Franchement, nous sommes coincés avec ce projet. Nous sommes néanmoins chanceux d'avoir pu aller aussi loin.[69]

Manifestement, l'administration états-unienne ne voulait pas d'un texte contraignant. D'ailleurs, un câble diffusé par WikiLeaks2 le confirme. Il s'agit d'un compte-rendu de la réunion du groupe de travail préparatoire à Enmod, qui se tient à Genève le 20 août 1976. Voici ce qui est écrit au point 2 :

> Le représentant des États-Unis (Martin) commença la discussion sur l'Article I en défendant fermement la formulation existante et en expliquant que le concept du seuil, tel qu'incarné dans la phrase « étendus, durables ou graves », est une question de principe pour les États-Unis.

Plusieurs délégués néanmoins s'y opposent et veulent la supprimer, notamment l'Argentine, qui la considère comme « inacceptable », mais aussi le Pakistan. L'Inde propose de la remplacer par une formule « pour

---

[69]. US Senate, Subcommittee on Oceans and International Environment ; 21 janvier 1976, p. 25.

sortir de l'impasse », avec le soutien, entre autres, des Pays-Bas, de la Roumanie, de la Yougoslavie... Mais comme aucun délégué ne veut bloquer la situation définitivement, la position inflexible des États-Unis est finalement adoptée.

Ainsi, Enmod devient quasiment vidée de son sens et de sa portée. Pourtant, si le texte initial proposé par l'Union soviétique le 25 septembre 1974 avait été adopté, il n'aurait plus été possible ensuite d'utiliser légalement l'arme environnementale et climatique.

Un environnement sous fausse protection

À peu près au même moment où la Convention Enmod est proposée aux États, est signé le 8 juin 1977 le Protocole additionnel aux Conventions de Genève du 12 août 1949 relatif à la protection des victimes des conflits armés internationaux (Protocole I).

Dans le Titre III – Section I – Méthodes et moyens de guerre, voici ce que stipule l'Article 35 - Règles fondamentales :

> 1. Dans tout conflit armé, le droit des Parties au conflit de choisir des méthodes ou moyens de guerre n'est pas illimité.
>
> 2. Il est interdit d'employer des armes, des projectiles et des matières ainsi que des méthodes de guerre de nature à causer des maux superflus.
>
> 3. Il est interdit d'utiliser des méthodes ou moyens de guerre qui sont conçus pour causer, ou dont on peut attendre qu'ils causeront des dommages étendus, durables et graves à l'environnement naturel.

Les deux premiers alinéas restent encore bien vagues, en tout cas sujets à toutes les interprétations. C'est identique pour l'alinéa 3, où nous retrouvons les trois mêmes mots (baptisés « la troïka » par certains experts) que dans l'accord interprétatif d'Enmod, mais avec une différence significative, celle entre « et » et « ou » : dans Enmod, l'une des trois conditions est suffisante pour que la convention s'applique, tandis que dans cet Article 35, elles sont cumulatives. Cela signifie qu'une méthode de guerre qui causerait à l'environnement des dommages étendus et graves mais pas durables, ne tomberait pas sous le coup de ce protocole additionnel aux Conventions de Genève, qui s'avère donc moins efficace qu'Enmod. Comment les rédacteurs ont-ils pu ne pas s'en rendre compte ?

L'autre article de ce Protocole additionnel au sujet de l'environnement présente le même schéma :

> Article 55 - Protection de l'environnement naturel
>
> 1. La guerre sera conduite en veillant à protéger l'environnement naturel contre des dommages étendus, durables et graves. Cette protection inclut l'interdiction d'utiliser des méthodes ou moyens de guerre conçus pour causer ou dont on peut attendre qu'ils causent de tels dommages à l'environnement naturel, compromettant, de ce fait, la santé ou la survie de la population.
>
> 2. Les attaques contre l'environnement naturel à titre de représailles sont interdites.

Au final, un État qui n'aurait pas signé Enmod devrait néanmoins respecter les Conventions de Genève et le Protocole additionnel, dont le moins que l'on puisse dire, c'est que les obligations ne sont pas des plus contraignantes. Pourtant, il ne devrait y avoir aucune échappatoire possible dans ce domaine.

La recherche sans arme ?

Une autre limite majeure d'Enmod est qu'elle n'interdit pas la recherche, donc les militaires sont libres de tester ce qu'ils veulent. Or, il est évident qu'ils ne peuvent pas maîtriser toutes les conséquences, y compris chez leur voisins voire sur toute la planète, lorsqu'ils effectuent des tests grandeur nature. Il est donc anormal que cette convention n'ait pas interdit les recherches.

Sans surprise, elles ont donc été poursuivies, ainsi que nous le confirme un article du *Guardian*[70] du 24 septembre 2001 :

> Mais les planificateurs de l'U.S. Air Force sont récemment revenus avec de nouvelles propositions pour lancer de nouvelles armes météorologiques. Au lieu de l'iodure d'argent, l'idée consiste à diffuser au-dessus des nuages de fines particules de carbone absorbant la chaleur afin de déclencher des inondations localisées et enliser les troupes et leur équipement. Des lasers installés sur les avions déclencheraient également la foudre sur ceux de l'ennemi, tandis que d'autres lasers pourraient être tirés contre le brouillard dans le but d'ouvrir la voie vers les cibles ennemies au sol.

---

70. *Controlling the weather*, Paul Simons, *The Guardian*, 24 septembre 2001.

Le laser continue d'avoir la cote plus de dix ans plus tard, puisque Susan Posel nous apprend en 2014 que des chercheurs de l'UCF (University of Central Florida) ont bénéficié d'une subvention de 75 millions de dollars de la part du secrétariat à la Défense pour développer un laser de haute puissance qui, pointé en direction du ciel, générera des nuages dans le but de produire de la pluie et des orages.[71]

Vous avez dit « Enmod » ?

Une première révision sans... révision

Tandis qu'en mars 1983 le président Ronald Reagan lance son programme d'Initiative de défense stratégique, plus connu sous le nom de « Guerre des étoiles », approche l'échéance de la première révision d'Enmod, tel que stipulé dans l'alinéa 1 de l'Article VIII :

> 1. Cinq ans après l'entrée en vigueur de la présente Convention, le Dépositaire convoquera une conférence des États parties à la Convention, à Genève (Suisse). Cette conférence examinera le fonctionnement de la Convention en vue de s'assurer que ses objectifs et ses dispositions sont en voie de réalisation ; elle examinera en particulier l'efficacité des dispositions du paragraphe 1 de l'Article premier pour éliminer les dangers d'une utilisation des techniques de modification de l'environnement à des fins militaires ou toutes autres fins hostiles.

Cette première conférence de révision d'Enmod s'ouvre donc le 10 septembre 1984 et se tient jusqu'au 20. Qu'apprend-on à la lecture du document final ? Tout d'abord que trente-cinq États parties sont présents (quinze vice-présidents « furent élus par acclamation » parmi leurs délégués) ainsi que huit autres pays ne pouvant prendre part aux décisions pour cause de convention non encore signée ou ratifiée.

Ensuite, la déclaration finale proclame que :

> Article 1 - La Conférence confirme que les obligations contenues dans l'Article 1 [d'Enmod] ont été fidèlement respectées par les États parties. La Conférence est convaincue que le respect continu de cet Article est essentiel pour l'objectif, que tous les États parties partagent, de prévenir l'utilisation militaire ou à des fins hostiles de techniques de modification de l'environnement.

---

71. http://nsnbc.me/2014/04/21/us-defense-department-funds-laser-that-will-control-the-weather/

La Conférence note « avec satisfaction » qu'aucun État n'a déposé de plainte internationale ou de procédure de vérification contre un autre État (Article V), ni n'a proposé d'amendement à la Convention (Article VI), avant de souligner dans son neuvième et dernier article que « les six années écoulées depuis l'entrée en vigueur de la Convention ont prouvé son efficacité ».

Tout est donc parfait dans le meilleur des mondes, et il est convenu que la prochaine conférence de révision « n'aura pas lieu avant 1989 ».

L'horreur écologique tient sa Journée

Vue l'autosatisfaction qui règne à la première conférence de révision, on aurait pu s'attendre à ce qu'il n'y en ait pas de seconde, comme cela s'est déjà produit pour d'autres conventions internationales. Mais un événement vient brutalement modifier l'échiquier géoenvironnemental : la guerre du Golfe.

Le 9 janvier 1991, le *Financial Time* annonce que des experts réunis à Londres estiment que le risque d'incendie des puits de pétrole du Koweït par les Irakiens provoquerait une catastrophe quasi-planétaire.

Le 17 janvier est déclenchée l'opération « Tempête du désert ».

Le 27 février est proclamée la libération du Koweït.

Peu avant la fin de la guerre, les médias alarment l'opinion mondiale sur le fait que l'armée irakienne en déroute a non seulement déclenché une marée noire mais a aussi incendié des centaines de puits de pétrole. C'est même le chiffre de 750 qui est annoncé tandis que l'Irak accepte le cessez-le-feu le 28 février.

Dépêché sur place en mars, le « pompier volant » Red Adair affirme qu'il faudra entre trois et cinq ans pour éteindre tous les puits.[72]

La suite des événements montrera qu'il n'y a pas eu de marée noire intentionnelle (les médias n'ayant d'ailleurs rien à montrer, certains ont trouvé des solutions de remplacement, en diffusant des images de catastrophes pétrolières antérieures...) et que la plupart des puits incendiés l'ont été du fait des bombardements de l'aviation alliée.

Finalement, le dernier puits de pétrole est éteint quelques mois plus tard, le 6 novembre 1991.

---

72. C'est la société américaine Kellogg Brown & Root (KBR), une filiale du groupe Halliburton, qui remporta ce marché de l'extinction des puits de pétrole et le sous-traita en partie (source : *Soldiers*, juin 2003).

Dix ans après, en commémoration de ce jour, l'Assemblée générale des Nations Unies « proclame que le 6 novembre sera chaque année la Journée internationale pour la prévention de l'exploitation de l'environnement en temps de guerre et de conflit armé ».[73]

Même si le texte de cette résolution invite les États membres à célébrer chaque année cette journée et « prie le Secrétaire général [...] de s'en faire le héraut [sic] auprès de la communauté internationale », nul doute que peu de lecteurs en avaient déjà entendu parler. De là à s'interroger sur son utilité...

Une révision qui s'impose
C'est dans ce contexte d'après-guerre du Golfe qu'Enmod revient sur le devant de la scène : avérés ou non, comment éviter à l'avenir que de tels méfaits puissent se reproduire ?

Le processus de révision d'Enmod est donc relancé, et l'Assemblée générale des Nations Unies déclare dans sa Résolution 46/36 A du 6 décembre 1991 que, par suite de ses consultations, une majorité d'États parties souhaite la convocation d'une seconde conférence de révision.

Elle s'ouvre le 14 septembre 1992 au Palais des Nations à Genève. Cette fois, ce ne sont pas moins de dix-sept vice-présidents qui sont élus, toujours par acclamation, parmi quarante pays participants, plus quatre États qui ont signé Enmod mais ne l'ont pas encore ratifiée et six pays observateurs, dont la France.

Le début de l'Article I de la déclaration finale est identique à celui de la première conférence de révision. Il lui est ajoutée la phrase suivante :

> La Conférence croit que toute la recherche et le développement sur les techniques de modification de l'environnement de même que leur utilisation devraient être destinés seulement à des fins pacifiques.

Belle croyance, dont on sent tout de suite qu'elle va terroriser les méchants militaires prêts à saccager l'environnement pour leurs fins guerrières...

L'Article II porte sur la définition de la notion de « technique de modification de l'environnement ». C'est une avancée... décisive à laquelle

---

73. Résolution 56/4, 37ᵉ séance plénière, 5 novembre 2001.

parvient la Conférence : l'usage des herbicides est interdit ! Mais pas de façon générale, ce serait trop beau... Voici ce que stipule l'alinéa 3 :

> La Conférence confirme que l'utilisation d'herbicides à des fins militaires ou hostiles de quelque façon que ce soit en tant que technique de modification de l'environnement dans le sens de l'Article II est une méthode de guerre interdite par l'Article I si un tel usage de ces herbicides bouleverse l'équilibre écologique d'une région, causant ainsi des effets étendus, durables ou sévères en tant que moyens de destruction, de dommages ou de torts à un autre État partie.

Telle que la phrase est libellée, si le Vietnam avait déposé une plainte contre les États-Unis pour l'opération Ranch Hand et l'épandage massif de l'agent orange, herbicide dont les conséquences perdurent près de cinquante ans plus tard, les Américains auraient peut-être pu y faire obstacle juridiquement par les notions imprécises que recouvre ce paragraphe, et, au-delà, la convention Enmod dans son ensemble.

Certes les effets sont « étendus, durables ou sévères », encore faut-il prouver qu'ils ont « bouleversé l'équilibre écologique d'une région ». Or, cette terminologie est plutôt subjective et dépend de l'appréciation des parties, car les délégués n'ont pas précisé le niveau auquel il faut positionner le curseur.

Ainsi, dans le cas du Vietnam, comme le précise Fred Pearce dans *Le Courrier de l'Unesco* de mai 2000, « à la fin de la guerre, un cinquième des forêts sud-vietnamiennes avait été détruit chimiquement, et plus d'un tiers des mangroves avait disparu. Cependant, « certaines forêts ont pu s'en remettre » tandis que « la plupart d'entre elles sont devenues des maquis », ce qui ouvre le champ à toutes les arguties juridiques par rapport à Enmod, d'autant plus que « la nature a désormais en grande partie éliminé la dioxine de la végétation et des sols vietnamiens ». Les Vietnamiens, eux, ne l'ont pas éliminée de leur corps, mais c'est un autre débat.[74]

Reprenons la lecture de la déclaration finale. Comme en 1984, la Conférence « note avec satisfaction » qu'aucun État partie n'a déposé de plainte (Article 5). Cette auto-congratulation nous amène à souligner cette autre faiblesse d'Enmod, qui, rappelons-le, ne concerne que les

---

74. Lire *L'Arme environnementale*, du même auteur, Talma Studios.

États parties : le Koweït l'a ratifiée le 2 janvier 1980, mais pas l'Irak, qui l'a seulement signée mais pas encore ratifiée en 1992, donc n'est pas légalement un État partie, tout en étant présent à cette seconde conférence de révision, sans pouvoir participer aux décisions, tandis que le Koweït aussi est présent, mais en tant que partie !

Enmod ne peut donc, en l'état de signature mais de non-ratification, s'appliquer aux dommages environnementaux causés par les Irakiens pendant la guerre du Golfe, ce qui aurait dû attirer l'attention des membres de la Conférence, au moins de l'un de ses dix-sept vice-présidents, et les amener à réviser utilement Enmod.

La fin d'Enmod ?

L'Article VIII de la seconde conférence de révision prévoit que la suivante n'aura pas lieu avant 1997 et au plus tard avant 2002. Pourtant, environ vingt-cinq ans après cette seconde conférence, force est de constater que la troisième n'a toujours pas eu lieu et qu'il est probable qu'elle ne se tiendra jamais, sauf catastrophe ou situation particulière.

La raison est-elle à chercher dans le fait qu'Enmod protège définitivement l'environnement et qu'il n'y a plus rien à réviser ? Evidemment non, et d'ailleurs les délégués à la seconde conférence de révision ne sont pas dupes. Même si la déclaration finale présente une belle unanimité de façade, la lecture des comptes-rendus de réunion démontre une tout autre réalité. Par exemple, lors de la sixième réunion qui se tient le 18 septembre, M. Patokallio, délégué de la Finlande et président du Comité préparatoire à cette Conférence de révision, constate :

> La Déclaration finale qui vient juste d'être adoptée est une légère amélioration de la précédente en ce qu'elle reconnaît que la Convention n'est pas encore un outil vraiment efficace pour traiter des techniques de modification de l'environnement à des fins hostiles.

Même en langage diplomatique, voilà qui a le mérite d'être clair, mais le délégué américain, M. Moodie, noie tout de suite le poisson en changeant de sujet.

Outre les faiblesses soulignées ci-dessus et qui n'ont pas échappé à M. Patokallio, Enmod en présente une autre qui nous paraît rédhibitoire :

Article 5.3. Tout État partie à la présente Convention qui a des raisons de croire qu'un autre État partie agit en violation des obligations découlant des dispositions de la Convention peut déposer une plainte auprès du Conseil de sécurité de l'Organisation des Nations Unies. Cette plainte doit être accompagnée de tous les renseignements pertinents ainsi que de tous les éléments de preuve possibles confirmant sa validité.

Comme chacun le sait, le Conseil de sécurité comprend cinq membres permanents avec pouvoir de veto. À partir du moment où l'un d'eux est impliqué dans une violation d'Enmod, il peut opposer son veto à l'enquête et l'affaire est réglée avant même d'avoir commencé. La Suède avait d'ailleurs proposé de suspendre le droit de veto de ces cinq pays lorsqu'il s'agissait d'Enmod, mais sans succès (on se demande bien pourquoi...).

Et la fin de l'alinéa 5.3. présente une vraie gageure, puisque « cette plainte doit être accompagnée [...] de tous les éléments de preuve possibles confirmant sa validité ».

Pour qu'une plainte soit valable, il faut donc des éléments de preuve. Mais les rédacteurs de l'alinéa 5.3. oublient un détail : comment prouver qu'une catastrophe naturelle est... artificielle ?

C'est évidemment impossible, ce qui n'a pas échappé aux militaires, qui le savent depuis longtemps d'ailleurs, puisque le Pr Gordon J. F. MacDonald en avait donné la clé dès 1968 dans le livre de Nigel Calder[75] :

> Et cette opération pourrait passer inaperçue, étant donnée l'irrégularité statistique de l'atmosphère. Une nation possédant une technologie supérieure en matière de manipulation du milieu pourrait ainsi porter des coups à un adversaire sans jamais révéler ses intentions.

Lorsqu'une catastrophe se produira, il n'y aura qu'à trouver une situation comparable dans les annales bien fournies de la météorologie planétaire pour infirmer toute cause artificielle. Ce fut d'ailleurs l'arme utilisée par les avocats du Pentagone pour clore le procès intenté à leur client à la suite des opérations du projet Cirrus : il leur avait suffi de

---

75. *Opus* cité : *Unless Peace Comes*, Nigel Calder, The Penguin Press, 1968. Edition française : *Les Armements modernes*, Flammarion, 1970.

produire l'exemple d'un autre ouragan ayant suivi un chemin similaire quarante ans plus tôt et la partie était gagnée.

Les militaires peuvent donc manipuler l'environnement... en paix. D'autant plus qu'aucune convention internationale ne viendra plus perturber leurs affaires planétaires.[76]

Manipuler en temps de paix
Effectivement, les militaires américains n'opèrent pas que pour leur propre compte. Ainsi, un article du *Washington Post* du 2 juillet 1972 nous apprend que le département de la Défense a signalé disposer des capacités opérationnelles pour faire de la pluie et qu'il les a utilisées à la demande de l'Inde en 1967 ; des Philippines en 1969[77] pour un « programme d'augmentation des précipitations » d'une période de six mois ; au-dessus des îles d'Okinawa et de Midway en juin, juillet et août 1971 ; du Texas, frappé par la sécheresse, à la requête urgente du gouverneur Preston Smith.

Nous savons qu'il les a utilisées aussi sur la même période pour des opérations de rainmaking au Panama, aux Açores et à Wiesbaden, en Allemagne.

Or, cette situation n'est pas sans risque. C'est pourquoi l'annexe C du document référencé CJCSI 3810.01A du 25 février 1998, interne aux

---

76. Citons tout de même trois principes de la Déclaration de Rio sur l'Environnement et le Développement (12 août 1992), dont le lecteur savourera « l'utilité » :

Principe 24
La guerre exerce une action intrinsèquement destructrice sur le développement durable. Les États doivent donc respecter le droit international relatif à la protection de l'environnement en temps de conflit armé et participer à son développement, selon que de besoin.
Principe 25
La paix, le développement et la protection de l'environnement sont interdépendants et indissociables.
Principe 26
Les États doivent résoudre pacifiquement tous leurs différends en matière d'environnement, en employant des moyens appropriés conformément à la Charte des Nations Unies.
Quant au Protocole de Kyoto (11 décembre 1997), pas la peine de chercher, la question n'est pas même abordée. Sans doute les rédacteurs ont-ils considéré que les activités militaires ne représentent aucune dégradation pour l'environnement ni ne contribuent au réchauffement climatique...
77. Nous avons évoqué ce programme « Gromet II » au Chapitre 3 – Le temps des militaires.

chefs d'état-major, dont plusieurs pages sont « blanches intentionnellement »[78] explique comment il faut traiter les sollicitations reçues de ce qui pourrait être appelé des « clients » :

> Les États-Unis reçoivent occasionnellement de la part d'autres nations des demandes d'assistance pour des opérations de modification du temps, dont certaines sont adressées initialement aux commandements militaires ou agences situées dans ces pays. Au cas où des nations étrangères ou des organisations internationales requerraient une assistance pour des modifications climatiques, elles devraient être informées de l'obligation de transmettre leur requête au département d'État via les canaux diplomatiques. Aucun encouragement ou engagement ne devra être formulé par l'organisation militaire sollicitée.

Cette prudence s'impose, car même en temps de paix, la modification du temps pose problème, ainsi que l'avait souligné le Pr MacDonald dès 1968 :

> L'environnement ne connaît pas de frontières politiques ; il est indépendant des institutions basées sur la géographie, et les résultats de la modification peuvent se transporter d'un point de la terre à n'importe quel autre. […]

> Les conséquences politiques, légales, économiques et sociologiques d'une modification délibérée du milieu, fût-ce à des fins pacifiques, seront d'une telle complexité que nos problèmes nucléaires d'aujourd'hui paraîtront simples.

Tout est dit.

Time, 28 août 1950
Can man learn to control the atmosphere he lives in?[79]

---
78. C'est la formule stipulée sur chaque page effacée.
79. *L'homme peut-il apprendre à contrôler l'atmosphère dans laquelle il vit ?*

Chapitre 5

Le temps des scénarios

The object of the present volume is: to indicate the character and, approximately, the extent of the changes produced by human action in the physical conditions of the globe we inhabit; to point out the dangers of imprudence and the necessity of caution in all operations which, on a large scale, interfere with the spontaneous arrangements of the organic or the inorganic world.
George Perkins Marsh
Man And Nature, 1864[80]

Une pluie de... thèses

Malgré la signature de la convention Enmod, la modification du climat fait son apparition aux États-Unis dans de nombreux documents militaires, que ce soit des thèses comme celle du Major Barry B. Coble (juin 1996) intitulée *Benign Weather Modification* ou dans des rapports et analyses comme le document *Environmental Concerns of the Joint Task Force Commander* présenté dans le cadre du Naval War College en 1992. L'auteur, Robert B. Asmus, y souligne d'ailleurs à propos de la convention Enmod dans la partie « Modification du climat » :

L'utilisation de mots ambigus comme « durables » et « étendus » est une source de préoccupation.

Tandis qu'il est généralement classé comme une arme stratégique, le contrôle du climat comme multiplicateur de force requiert de futures recherches. [...]

Les Soviétiques ont perfectionné des techniques de dispersion et de stimulation du brouillard, de stimulation de la grêle et de stimulation de la foudre. On peut supposer qu'une partie au moins de

---

80. « Le but du présent volume est d'indiquer la nature et, approximativement, l'étendue des changements produits par l'action humaine dans les conditions physiques du globe que nous habitons ; souligner les dangers de l'imprudence et l'obligation de précaution dans toutes les opérations qui, sur une large échelle, interfèrent avec les arrangements du monde organique et inorganique. »

cette technologie a été exportée, donc il existe le potentiel d'une utilisation secrète. Le retard des Soviétiques à rejoindre l'interdiction internationale témoigne de l'importance de la modification du climat. Des commandants prudents devraient être attentifs aux indications de modification du climat et être prêts à contrer cette forme de guerre. »

Au-delà de ces documents, la littérature militaire américaine va s'enrichir de deux études stratégiques visant à utiliser le climat comme arme. Il y en a probablement d'autres, mais elles ne sont pas accessibles en dehors de la sphère militaire autorisée.

« Posséder le climat »

La première est sans doute la plus connue des deux, bien qu'elle revête une portée moindre. Le 17 juin 1996, soit moins de vingt ans après la signature de la convention Enmod, des militaires américains publient un rapport, qui, ainsi que l'exprime l'avertissement, n'engage qu'eux-mêmes et en aucune façon leur gouvernement, le ministère de la Défense ou les forces armées des États-Unis. La lecture de cette étude non classifiée est très instructive. Son titre : *Weather as a Force Multiplier: Owning the Weather in 2025*.[81] Même pour les lecteurs peu familiers avec l'anglais, c'est bien de « propriété » du climat dont il est question.

L'étude rappelle qu'avait été constitué dès 1957 le comité Orville annonçant explicitement que la modification du climat était une arme au potentiel supérieur à la bombe atomique. Puis voici ce que les auteurs écrivent en introduction :

> Les technologies courantes qui arriveront à maturité dans les trente prochaines années offriront l'opportunité à ceux qui possèdent les ressources nécessaires de modifier les conditions climatiques avec les effets correspondants, au moins au niveau local. Les tendances démographiques, économiques et environnementales créeront une tension globale qui fournira l'élan nécessaire pour que des pays ou des groupes de pays transforment cette opportunité en capacité.
>
> Aux États-Unis, la modification du climat deviendra probablement une partie de la politique de sécurité nationale, avec à la fois des ap-

---

81. *Le climat comme multiplicateur de force : posséder le climat en 2025*. Il est aisé de trouver l'intégralité de cette étude sur internet.

plications nationales et internationales. En fonction de ses intérêts, notre gouvernement poursuivra cette politique à différents niveaux, par des actions unilatérales, la participation à une structure telle que l'Otan, une organisation internationale comme l'ONU, ou à une coalition. Partant du principe qu'en 2025 notre stratégie de sécurité nationale inclura la modification du temps, il s'ensuivra naturellement son utilisation dans notre stratégie de défense nationale. Outre les bénéfices significatifs qu'apporteront ces possibilités opérationnelles, une motivation supplémentaire à poursuivre ces recherches réside dans le fait de dissuader et contrer les adversaires potentiels.

Dans cette étude, nous démontrons qu'une utilisation appropriée de la modification du temps peut offrir la domination du théâtre des opérations à un degré jamais imaginé. Dans le futur, ces opérations augmenteront la supériorité aérienne et spatiale, et fourniront de nouvelles options pour l'influence et la connaissance du champ d'intervention. La technologie est là, attendant que nous la fassions émerger : en 2025, nous pouvons *posséder le temps*.

Le chapitre 1 présente un scénario de guerre-fiction (traduction résumée) :

Imaginez qu'en 2025 les États-Unis soient amenés à combattre un cartel de la drogue en Amérique du Sud, riche, solidement établi et politiquement puissant. Le cartel possède des centaines d'avions de chasse russes et chinois qui mettent en échec nos attaques pour détruire leurs zones de production. Avec leur supériorité numérique et leurs lignes intérieures, ils peuvent envoyer dix avions contre un des nôtres. De plus, le cartel utilise le système français Spot, qui est capable, en 2025, de transmettre des images presque en temps réel avec une résolution d'un mètre. Nous voulons amener l'ennemi sur un terrain à notre avantage afin d'exploiter tout le potentiel de nos avions et de nos munitions.

Les analyses météorologiques signalent que l'Amérique du Sud équatoriale subit chaque jour de l'année des orages tropicaux. Nos services de renseignement ont découvert que les pilotes du cartel refusent de voler pendant ces orages. Par suite, notre force d'intervention climatique, qui dépend du Centre de commandement des opérations aériennes, est chargée de prévoir le déplacement des orages, de les déclencher et de les intensifier sur les zones que l'ennemi doit défendre avec ses avions. Étant donné qu'en 2025 nos avions peuvent intervenir par tout temps, la menace des orages est faible pour nos forces, et nous pouvons effectivement et de façon décisive contrôler le ciel au-dessus des cibles.

Les chapitres 2 et 3 traitent essentiellement de définitions, de questions de systèmes et d'organisation. Même si les auteurs de l'étude reconnaissent que la notion de « modification du temps peut avoir une connotation négative pour beaucoup de gens, qu'ils soient civils ou militaires », ils expliquent qu'elle « peut être divisée en deux catégories principales : la suppression ou l'intensification des conditions climatiques. Dans les cas extrêmes, cela peut aller jusqu'à créer des conditions climatiques totalement nouvelles, atténuer ou contrôler de violentes tempêtes, voire provoquer l'altération du climat sur une échelle à longue distance ou de longue durée. »

Manifestement, les auteurs de cette étude ignorent les accords interprétatifs d'Enmod, du moins, ils n'en font pas grand cas.

Dans le chapitre 4 (« Concept of Operations »), ils s'intéressent aux techniques et soulignent que « le nombre de méthodes d'intervention est seulement limité par l'imagination, mais qu'à de rares exceptions près, elles impliquent d'injecter dans le processus météorologique de manière optimum, au bon endroit et au bon moment, soit de l'énergie, soit des produits chimiques ».

Les techniques sont ensuite étudiées par type d'événement météorologique : nuages et précipitations, intensité des tempêtes, climat, brouillard et espace. Puis les auteurs concluent ainsi leur étude :

> Tandis que des efforts vers une modification du temps offensive seront certainement entrepris par les forces américaines avec une grande prudence et de l'effervescence, il est clair que nous ne pouvons permettre à un adversaire de posséder l'exclusivité de la modification du temps.

Enmod ou pas, c'est toujours le même « argument » qui revient : « Si nous développons l'arme climatique, c'est la faute des méchants d'en face ! » Cela dit, peut-on leur donner réellement tort ? Et, de toute façon, Enmod n'interdit pas la recherche, donc pourquoi s'en priver ? C'est d'ailleurs ce qu'exprime le 28 avril 1997 William S. Cohen, secrétaire à la Défense, lors de la « Conférence sur le terrorisme, les armes de destruction massive et la stratégie américaine » à l'Université de Géorgie :

D'autres pays sont même engagés dans un écotype de terrorisme grâce auquel ils peuvent modifier le climat, déclencher à distance des tremblements de terre et des volcans au moyen d'ondes électromagnétiques.

Il y a donc pléthore d'esprits ingénieux travaillant au développement de techniques pour provoquer la terreur sur les autres nations. C'est une réalité, et c'est la raison pour laquelle nous devons intensifier nos efforts, et pourquoi c'est si important.

Spacecast 2020

Les militaires n'ont pas attendu que leur ministre s'exprime pour « intensifier leurs efforts ». Trois ans plus tôt, ils ont engagé une étude moins connue du grand public que *Weather as a Force Multiplier: Owning the Weather in 2025*, intitulée *Spacecast 2020*. Présentée le 22 juin 1994, elle est intéressante à plus d'un titre, tout d'abord parce qu'elle est réalisée à la demande du chef d'état-major de l'U.S. Air Force ; il ne s'agit donc pas d'un simple exercice de réflexion stratégique. Son but consiste en effet à « identifier et développer conceptuellement des technologies et des systèmes spatiaux qui accompagneront le combattant du XXIe siècle ». Bigre...

Ensuite, beaucoup de ressources humaines ont été engagées pour sa réalisation, puisque plus de trois cent cinquante personnes collaborent à cette étude, des militaires et des civils, dont des scientifiques de laboratoires du secteur privé.

Voici ce qui est écrit dans l'introduction :

> L'examen des technologies émergeant pour l'espace à l'horizon de l'année 2020 et au-delà est de la plus grande importance pour les États-Unis. Développer des systèmes d'armement terrestres et atmosphériques peut nécessiter jusqu'à vingt ans entre l'expression du besoin initial et la capacité opérationnelle. [...] Dans le monde de compétition dans lequel nous vivons, ne pas étudier ces questions en 1994 pourrait mettre en danger la sécurité nationale en 2020.

Un peu plus loin dans l'introduction est signalé le chapitre intitulé « Contre-force de contrôle du climat », qui traite ce que doit être un tel système. Il est d'ailleurs rappelé que « l'utilisation de techniques de modification de l'environnement pour détruire, endommager ou attaquer un autre État est interdite », mais, « cependant, l'espace présente une nouvelle arène, la technologie offre de nouvelles opportunités, et notre conception des capacités futures nous contraint à ré-examiner ce sujet sensible et potentiellement risqué ».

Cela a le mérite d'être clair : certes, il existe Enmod, mais les recherches doivent continuer. C'est d'ailleurs l'une des limites majeures de la convention, qui n'interdit pas la recherche en matière d'arme environnementale et climatique, ainsi que nous l'avons déjà signalé.

Les auteurs poursuivent :

> Ce système de contrôle du climat est développé à travers un processus d'analyse prospective à trois niveaux : conceptualiser ce à quoi il doit ressembler, définir les hypothèses préalables, et développer les mesures pour le rendre effectif. Le système final n'est limité que par l'imagination. [...] La difficulté, les coûts et les risques pour développer un système de contrôle du climat pour des applications militaires sont extrêmement élevés. Cependant, les bénéfices potentiels pour la sécurité nationale pourraient être bien supérieurs. Les armes de modification du climat de l'ennemi sont des possibilités, qu'on le veuille ou non, qui sont de l'ordre du possible et qui doivent être prises en considération.

Ce paragraphe est essentiel, car la messe est dite ou presque, et aucune convention Enmod d'aucune sorte n'y pourra rien changer : toujours ressort l'argument selon lequel « l'ennemi développe peut-être l'arme climatique, donc nous devons être de la partie, quels qu'en soient le coût et les risques », ce qui n'est pas neutre lorsqu'on s'attaque au climat, ainsi que les militaires ont déjà pu le constater avec le projet Cirrus. Et la conclusion de l'étude ne fait qu'entériner ces principes :

> [...] Pour rester une grande puissance au XXIe siècle, notre pays se doit de procéder ainsi. Ce rapport offre de nombreux choix pour y parvenir.
>
> *Spacecast 2020*, comme l'espace lui-même, a fourni la réflexion et les opportunités pour faire ces choix sagement et bien. [...] Les questions importantes demeurent toutefois : qui acquerra ces capacités, comment seront-elles utilisées et dans quel but ? Les États-Unis sont en position d'influer sur la nature et l'évolution de la planète à l'horizon 2020 et au-delà. La situation stratégique et les opportunités qu'offre l'espace constituent le moyen pour atteindre

cet objectif. Nous cherchons **à opérer dans la transatmosphère et l'espace afin de promouvoir la stabilité et renforcer la vitalité et la sécurité des intérêts des États-Unis et de nos partenaires.**[82] L'investissement, autant intellectuel que financier, pour aboutir d'une part à l'exploitation et au contrôle de l'air et de l'espace, et d'autre part aux technologies pour y parvenir, devrait commencer dès maintenant. *Spacecast 2020* en constitue le point de départ.

L'objectif fait froid dans le dos : il s'agit ni plus ni moins que de contrôler le climat donc la planète à l'horizon 2020 ! Étudier le contenu de *Spacecast 2020*, tout particulièrement le chapitre « Contre-force de contrôle du climat » dans le Volume II, devient presque secondaire. Cela tombe bien, car il est classifié, donc inaccessible, sauf pour les personnes disposant des « habilitations appropriées », ainsi que le précise la note.

Sont néanmoins résumés dix-neuf systèmes identifiés par les participants à l'étude. Voici les plus significatifs en lien avec notre sujet :

11. Projecteur holographique
Un système qui pourrait projeter des hologrammes à partir de l'espace en direction du sol, du ciel ou des océans n'importe où sur un théâtre d'opérations pour des missions spéciales destinées à tromper l'ennemi. Ce système serait composé soit de projecteurs holographiques en orbite ou de satellites relais qui transmettraient les données et les instructions à un véhicule ou un avion piloté à distance qui ensuite générerait et projetterait l'hologramme.

12. Système de laser à haute énergie basé dans l'espace
Un système de laser à haute énergie (« multimegawatt ») qui pourrait être utilisé pour plusieurs modes d'opérations. Dans sa composante « arme » avec le laser de haute puissance, il peut attaquer des cibles terrestres, aériennes et spatiales. [...]

14. Un système micro-ondes de haute puissance
Un système micro-ondes de haute puissance basé dans l'espace capable de détruire des cibles terrestres, aériennes et spatiales. [...]

16. Système C3 de climat
Un système de contre-force de contrôle du climat pour des applications militaires. Cela consiste en un système d'observation du climat global et à la demande ; en la capacité de modéliser le climat ; en un modificateur du climat à énergie dirigée basé dans

---

82. En gras dans le texte original.

l'espace ; et en un centre de commandement avec les moyens de communication adéquats pour observer, détecter et agir sur les besoins de modification du climat.

Quelles réponses obtenons-nous sur internet en tapant les quatre mots « directed energy weather modifier » (« modificateur du climat à énergie dirigée ») de la rubrique 16 ?

...le programme Haarp,[83] ce système de 180 puissantes antennes développé par l'armée américaine en Alaska, près de Gakona, pour des expériences de modification de l'ionosphère.

Batterie de canons à pluie (Stiger Vortex).
Cette idée du Pr Clement Wragg, un météorologiste du Queensland, fut testée avec dix canons à Charleville
(Australie) le 2 septembre 1902, sans résultat sur la pluie.
Source : Wikipedia

---

83. High Frequency Active Auroral Research Program.

Chapitre 6

Le temps des ondes

> The basic problems facing the world today
> are not susceptible to a military solution.[84]
> Président John F. Kennedy

Peur sur l'Europe
À l'initiative de la sous-commission du Parlement européen pour la sécurité et le désarmement, se tient à Bruxelles le 5 février 1998 une audition sur le système Haarp et les armes non létales concernant l'utilisation possible de l'environnement à des fins militaires.

Les États-Unis ont été invités à venir s'exprimer mais ont décliné l'invitation. En revanche est présente le Dr Rosalie Bertell, scientifique nord-américaine considérée comme « l'un des meilleurs experts sur Haarp (High Frequency Active Auroral Research Programme), un programme qui a été développé par l'armée américaine », selon la déclaration finale de l'événement, qui poursuit :

> [Le Dr Rosalie Bertell] décrit la situation de Haarp. L'ionosphère est une couche élevée de l'atmosphère avec des particules qui sont hautement chargées en énergie. Si des radiations sont projetées dans l'atmosphère, des quantités immenses d'énergie peuvent être générées et servir à détruire une région donnée.

> Le projet Haarp implique la manipulation de l'ionosphère [...] et peut, en théorie, créer des voies électromagnétiques pour guider des rayons de particules qui pourraient ensuite déposer de grandes quantités d'énergie partout sur la planète. En termes plus simples, Haarp, avec sa puissance d'intimidation [...] est un élément d'un système qui pourrait contrôler le « village global » de façon effrayante.

D'après le Dr Nick Begich, un expert de l'Alaska et auteur de l'un

---

84. « Les problèmes fondamentaux auxquels est confronté le monde d'aujourd'hui ne sont pas susceptibles d'être résolus par une solution militaire. »

des principaux livres[85] sur le sujet, le programme Haarp permettrait d'atteindre de telles concentrations d'énergie qu'une région de la planète pourrait être privée d'eau. Des ondes électromagnétiques peuvent créer des tremblements de terre ou des raz-de-marée.

[…] Selon lui, la communauté internationale devrait être autorisée à évaluer les risques du programme Haarp.

Eurico De Melo (EPP, P) déclare qu'il considère terrifiantes ces révélations et qu'il est nécessaire de lancer une campagne pour informer le public.

Cette première initiative sera suivie d'effet au Parlement européen, puisque un an plus tard, soit le 14 janvier 1999, est déposé le *Rapport Theorin*, du nom de son rapporteur, Mme Maj Britt Theorin, dont l'objet principal est la défense de l'environnement. La proposition de résolution qu'il contient est adoptée à la quasi-unanimité par la commission des affaires étrangères, de la sécurité et de la politique de défense du Parlement, avec vingt-huit voix et une abstention.

Les premiers points exposent différents aspects, dont les conflits nucléaires, le problème des réfugiés, la dégradation de l'environnement... puis arrive le point T :

T. considérant que la recherche militaire porte actuellement sur la manipulation de l'environnement à des fins militaires, et ce en dépit des conventions existantes ; c'est le cas, par exemple, du système Haarp basé en Alaska,

suivi de nombreuses recommandations, dont :

8. demande à l'armée de mettre un terme aux activités qui contribuent à la détérioration de l'environnement et de la santé, et de prendre toute mesure qui s'impose afin de nettoyer et d'assainir les zones polluées ; […]

21. considère qu'il y a lieu de dénoncer la politique du secret en matière de recherche militaire et qu'il faut privilégier le droit à l'information et au contrôle démocratique des projets de recherche militaire;

---

85. Jeane Manning et Nick Begich, *Les Anges ne jouent pas de cette Haarp*, éd. Louise Courteau.

22. prie instamment les États membres de développer des technologies de destruction d'armes compatibles avec l'environnement ; […]

27. considère que le projet Haarp (High Frequency Active Auroral Research Project), en raison de son impact général sur l'environnement, pose des problèmes globaux et demande que ses implications juridiques, écologiques et éthiques soient examinées par un organe international indépendant avant la poursuite des travaux de recherche et la réalisation d'essais ; déplore que le gouvernement des États-Unis ait à maintes reprises refusé d'envoyer un représentant pour apporter un témoignage sur les risques que comporte pour l'environnement et la population le projet Haarp financé actuellement en Alaska, durant l'audition publique ou à l'occasion d'une réunion subséquente de sa commission compétente ;

28. demande à l'organe chargé de l'évaluation des choix scientifiques et technologiques (Stoa) d'accepter d'examiner les preuves scientifiques et techniques fournies par tous les résultats existants de la recherche sur le programme Haarp aux fins d'évaluer la nature et l'ampleur exactes du danger que Haarp représente pour l'environnement local et global et pour la santé publique en général ;

29. invite la Commission à examiner les incidences sur l'environnement et la santé publique du programme Haarp pour l'Antarctique, en coopération avec les gouvernements de Suède, de Finlande, de Norvège et de la Fédération de Russie, et à faire rapport au Parlement sur le résultat de ses investigations ; […]

31. demande à l'UE et à ses États membres d'œuvrer à la conclusion de traités internationaux visant à protéger l'environnement contre des destructions inutiles en cas de conflit ;

32. demande à l'UE et à ses États membres de veiller à ce que les incidences environnementales des activités des forces armées en temps de paix soient également soumises à des normes internationales ; […]

37. charge son Président de transmettre la présente résolution au Conseil, à la Commission, aux États membres de l'Union européenne et aux Nations Unies.

Haarp de Damoclès

L'essentiel des dangers constitués par Haarp sont explicités dans les différents textes et annexes de ce document, dont le très instructif B, de portée générale :

> Impact environnemental des forces armées en temps de guerre et en temps de paix
>
> Les forces armées sont un important facteur de dégradation écologique. Leurs activités ont des incidences négatives énormes sur l'environnement, aussi bien en temps de paix qu'en temps de guerre (certaines sont intentionnelles, d'autres involontaires). Depuis l'antiquité, la destruction de l'environnement est une méthode de guerre classique. D'ailleurs c'est la guerre qui nuit le plus à l'environnement. En témoignent les conséquences terribles de la guerre du Golfe où des centaines de puits de pétrole ont été la proie des flammes et où des quantités de substances toxiques ont été rejetées dans l'atmosphère de manière incontrôlée. Il faudra du temps à l'environnement pour s'en remettre. Certaines dégradations peuvent être irrémédiables.
>
> Les militaires développent des armes toujours plus puissantes provoquant des destructions sur une grande échelle. Sur le plan de l'environnement, une guerre moderne est plus destructrice que toute autre activité polluante. Certains systèmes d'armement, décrits ci-dessous, sont également susceptibles de dégrader gravement l'environnement en temps de paix.

Enfin une instance internationale qui ose briser le silence militarisé ! Certes, les grandes conférences sur le climat seront ensuite frappées d'amnésie, mais personne ne pourra dire ensuite qu'il ne savait pas... D'autant plus que le rapport Theorin décrit ces systèmes d'armement :

> Haarp – Un système d'armement modifiant le climat
>
> Le 5 février 1998, la sous-commission sécurité et désarmement du Parlement a procédé à une audition portant notamment sur Haarp. Des représentants de l'Otan et des États-Unis avaient été conviés à la réunion. Ils ont toutefois choisi de ne pas venir. La sous-commission a déploré que les États-Unis n'aient envoyé aucun représentant à l'audition et qu'ils n'aient pas saisi l'opportunité de faire des commentaires sur le matériel présenté (22).

Haarp est un programme de recherche sur le rayonnement à haute fréquence (High Frequency Active Auroral Research Project). Il est conduit conjointement par l'armée de l'air et la marine des États-Unis et par l'Institut de géophysique de l'université d'Alaska à Fairbanks. Des tentatives analogues ont lieu en Norvège, dans l'Antarctique, mais aussi dans l'ex-Union soviétique (23). Haarp est un projet de recherche utilisant un équipement terrestre, un réseau d'antennes. Chacune est alimentée par son propre émetteur pour réchauffer des parties de l'ionosphère (24) au moyen d'ondes radio puissantes. L'énergie ainsi générée réchauffe certaines parties de l'ionosphère, ce qui crée des trous dans l'ionosphère et des « lentilles » artificielles.

Haarp peut avoir de multiples applications. La manipulation des particularités électriques de l'atmosphère permet de contrôler des énergies gigantesques. Utilisée à des fins militaires contre un ennemi, cette technique peut avoir des conséquences terribles. Haarp permet d'envoyer à un endroit déterminé des millions de fois plus d'énergie que tout autre émetteur traditionnel. L'énergie peut aussi être dirigée contre un objectif mobile, notamment contre des missiles ennemis.

Le projet améliore la communication avec les sous-marins et permet de manipuler les conditions météorologiques mondiales. Mais l'inverse, perturber les communications, est également possible. En manipulant l'ionosphère, on peut bloquer la communication globale tout en conservant ses propres possibilités de communications. La radiographie de la terre sur une profondeur de plusieurs kilomètres (tomographie terrestre pénétrante) à la fin de découvrir les champs de pétrole et de gaz, mais aussi les équipements militaires sous-terrains, et le radar transhorizon qui identifie des objets à grande distance au-delà de la ligne d'horizon sont d'autres applications du système Haarp.

Bombes nucléaires dans le ciel
Le rapport continue en livrant des informations dont le public n'a pas ou peu connaissance, qui pourtant révèlent que les militaires n'ont pas de limites, avec la complicité du pouvoir politique :

Depuis les années 50, les États-Unis procèdent à des explosions nucléaires dans les ceintures de Van Allen (25) afin d'examiner les effets des impulsions électromagnétiques qu'elles déclenchent sur les communications radio et le fonctionnement des équipements radars.[86] Ces explosions ont généré de nouvelles ceintures de rayonnement magnétique qui ont pratiquement entouré la Terre tout entière. Les électrons se déplaçaient le long de lignes de champs magnétiques et créaient une aurore boréale artificielle au-dessus du pôle Nord. Ces essais militaires risquent de perturber à long terme les ceintures de Van Allen. Le champ magnétique terrestre pourrait s'étendre sur de vastes zones et empêcher toute communication radio. Certains scientifiques américains estiment qu'il faudra plusieurs centaines d'années avant que les ceintures de Van Allen retrouvent leur état initial. Haarp peut bouleverser les conditions climatiques. Tout l'écosystème peut être menacé, en particulier dans l'Antarctique où il est fragile.

Les trous dans l'ionosphère causés par les ondes radio puissantes qui y sont envoyées constituent un autre effet très grave d'Haarp. L'ionosphère est notre bouclier contre le rayonnement cosmique. L'on espère que ces trous se refermeront, mais l'expérience acquise suite à la modification de la couche d'ozone donne à penser le contraire. Le bouclier de l'ionosphère est fortement percé à plusieurs endroits.

En raison de l'ampleur de ces incidences sur l'environnement, Haarp constitue un problème global et il faudrait évaluer si les avantages que procure ce système compensent les risques encourus. Ses incidences écologiques et éthiques doivent être évaluées avant la poursuite des travaux de recherche et la réalisation d'essais. L'opinion publique ignore pratiquement tout du projet Haarp et il est important qu'elle soit mise au courant.

---

86. Les Soviétiques aussi ont déclenché de telles explosions nucléaires en haute altitude, en 1961 et 1962. Ce n'est plus possible depuis 1963 avec l'entrée en vigueur le 10 octobre du Traité interdisant les essais d'armes nucléaires dans l'atmosphère, dans l'espace extra-atmosphérique et sous l'eau, signé à Moscou le 5 août 1963 par le Royaume-Uni, l'Union soviétique et les États-Unis. Il compte aujourd'hui 135 États parties. Bien qu'elles n'aient pas signé ce traité, la Chine et la France ont accepté, depuis 1980, d'en respecter les dispositions (source : Bureau des affaires du désarmement des Nations Unies).

Soulignons que c'est encore largement le cas aujourd'hui, l'opinion publique n'ayant jamais été mise au courant.

Haarp est lié à la recherche spatiale intensive menée depuis 50 ans à des fins clairement militaires, par exemple en tant qu'élément de la « guerre des étoiles » en vue du contrôle de la haute atmosphère et des communications. Ces travaux de recherche doivent être considérés comme extrêmement néfastes pour l'environnement et la vie humaine. Personne ne sait avec certitude ce que peuvent être les effets de Haarp. Il faut lutter contre la politique du secret en matière de recherche militaire. Il faut promouvoir le droit à l'information et au contrôle démocratique des projets de recherche militaire ainsi que le contrôle parlementaire.

Une série d'accords internationaux (la Convention sur l'interdiction d'utiliser à des fins militaires ou à d'autres fins hostiles des processus modifiant l'environnement, le Traité sur l'Antarctique, l'Accord établissant les principes des activités des États en matière de recherche spatiale, en ce compris la Lune et d'autres corps spatiaux ainsi que la convention des Nations Unies sur le droit maritime) font que Haarp est un projet hautement contestable non seulement sur les plans humain et politique mais aussi du point de vue légal. En vertu du traité sur l'Antarctique, l'Antarctique ne peut être utilisée qu'à des fins pacifiques (26), ce qui signifie que Haarp enfreint le droit international. Tous les effets des nouveaux systèmes d'armement doivent être évalués par des organes internationaux indépendants. Il faut encourager la conclusion d'autres accords internationaux afin de protéger l'environnement contre toute destruction inutile en temps de guerre.

À la paix comme à la guerre

Nous avons souligné dans le chapitre 4 que, par exemple, le Protocole de Kyoto (décembre 1997) ne fait aucunement mention des activités militaires, ce qui reste incompréhensible. Soit les rédacteurs et défenseurs de ce texte majeur ont des œillères et ne sont au courant de rien (il faut alors vite en changer), soit ils nous mentent sciemment en omettant la dégradation de l'environnement par les activités militaires. Leur responsabilité est totale, même s'il y a des pressions pour ne pas inclure ce que font les militaires : dans ce cas, il faut alerter l'opinion publique et l'informer de ce qui se passe, car c'est extrêmement grave et préoccupant.

D'ailleurs, à peine un an après le Protocole de Kyoto, le *Rapport Theorin* dresse le constat accablant suivant :

> Outre le système d'armement militaire, toutes les activités militaires, même les manœuvres en temps de paix ont, d'une manière ou d'une autre, des effets néfastes sur l'environnement. Toutefois, lorsqu'il est question de dévastation de l'environnement, le rôle de l'armée n'est, généralement, pas évoqué ; c'est la société civile qui est la cible de toutes les critiques. Il y a au moins deux explications à cela (27). Parce qu'elles sont placées sous le sceau du secret, les activités militaires ne sont pratiquement jamais citées, et il est difficile d'opposer le facteur environnement à l'intérêt suprême d'un pays, à savoir sa sécurité et sa défense. À présent que les catastrophes environnementales et naturelles constituent une menace majeure sur la sécurité, cet argument devient plus discutable.
>
> L'armée se prépare dans des conditions les plus réalistes possibles aux tâches qui seraient les siennes en cas de conflit. C'est pourquoi ses manœuvres se déroulent dans des conditions proches d'une guerre réelle, ce qui occasionne de graves dévastations de l'environnement.

Nous avons publié de larges extraits de ce rapport officiel, car son contenu et son ton sont quasiment uniques dans les annales internationales, qui nous ont plutôt habitués à une forme cynique de langue de bois, au moins en matière d'arme environnementale. Il démontre l'inquiétude de l'Union européenne vis-à-vis du système Haarp dès... 1999. Que s'est-il passé depuis pour prévenir les dangers pour l'environnement et la santé humaine ? Entretenons un peu le suspense vis-à-vis du lecteur impatient de connaître le verdict... Rien, évidemment...

Pour une raison simple : les États-Unis ont refusé de collaborer. De nouveau, la messe était dite.

Au fait, qui connaissait le *Rapport Theorin* ou en avait déjà entendu parler par les associations et les partis écologistes, dont le fonds de commerce est, soi-disant, la défense de l'environnement et de la planète ?

Les militaires jouent de cette Haarp...
D'ailleurs, pourquoi les États-Unis auraient-ils collaboré ? Il suffit de consulter le site officiel[87] à la partie « Program Purpose » pour constater que ce programme est des plus... inoffensifs :

> Haarp est une tentative scientifique visant à étudier les propriétés et le comportement de l'ionosphère, avec un accent tout particulier pour la comprendre et l'utiliser dans le but d'améliorer les systèmes de communication et de surveillance, pour des utilisations à la fois civiles et de défense.
>
> Le programme Haarp est consacré au développement d'installations de recherche ionosphérique de classe mondiale consistant en :
>
> – l'Instrument de recherche ionosphérique (Iri), un émetteur de haute puissance opérant dans le champ des hautes fréquences (HF). L'Iri sera utilisé pour exciter temporairement une zone limitée de l'ionosphère pour de la recherche scientifique ;
>
> – une gamme sophistiquée d'instruments scientifiques (ou de diagnostic) utilisés pour observer les processus physiques à l'œuvre dans la zone excitée.
>
> L'observation des processus résultant de l'utilisation de l'Iri de manière contrôlée permettra aux scientifiques de mieux comprendre les processus qui se produisent continuellement sous la stimulation naturelle du soleil.
>
> Les instruments scientifiques installés à l'observatoire Haarp seront utiles pour une série d'efforts de recherche permanents qui *ne nécessitent pas*[88] l'utilisation de l'Iri, car ils sont strictement passifs.

Dans la Foire aux questions du site, il est même expliqué que ni Haarp ni aucun document n'est classifié, et que les recherches qui y sont conduites sont généralement publiées dans des revues scientifiques avec comité de lecture tels que le Journal of Geophysical Research, Geophysical Research Letters et Radio Science.

À la lecture de ces précisions, pourquoi s'alarmer, puisqu'il s'agit de simples programmes scientifiques ? Il existe même un équivalent européen, la station Eiscat[89] près de Tromsö en Norvège.

---
87. Site officiel : http://www.haarp.alaska.edu/. Il n'est plus actif depuis la fermeture des installations de Gakona, en Alaska, en mai 2013 (nous y reviendrons).
88. En italique dans le texte original.
89. Eiscat pour « European Incoherent Scatter Scientific Association ». Il s'agit d'une collaboration scientifique entre plusieurs pays européens, qui en regroupe d'autres comme le Japon.

... et du pipeau ?

Haarp est donc présenté quasi exclusivement comme un projet civil et tout est fait en conséquence, jusqu'à l'adresse internet en .edu. Pourtant, il est entièrement financé et dirigé conjointement par l'U.S. Air Force et l'U.S. Navy. Certes, la venue de chercheurs et d'étudiants de l'Université de l'Alaska et d'autres universités américaines donne une teinte civile, mais le *Rapport Theorin* et toute la littérature scientifique disponible sont sans ambiguïté sur le type d'expériences qui y sont pratiquées.

Voici un extrait du rapport du Grip intitulé *Le Programme Haarp – Science ou désastre ?*, rédigé par Luc Mampaey quelques mois après l'audition au Parlement européen du 5 février 1998, où il était d'ailleurs présent[90] :

> Selon Nick Begich, principal représentant de la contestation en Alaska, la réponse ne fait aucun doute, et contribue à renforcer l'hypothèse selon laquelle Haarp a des objectifs militaires bien plus vastes que ceux officiellement reconnus : APTI détiendrait des informations de toute première importance et vitales pour le projet.
>
> Ces informations essentielles seraient en fait une série de douze brevets, déposés entre 1987 et 1993 par des scientifiques du groupe Arco, mais au nom de la filiale APTI. Tous concernent la haute atmosphère, et la plupart réveillent les projets de l'Initiative de Défense Stratégique, la fameuse « Guerre des Étoiles » qui éveilla les passions sous l'administration Reagan.
>
> Les raisons qui ont amené Arco à déposer ces brevets sont d'une simplicité déconcertante. Dans les années 80, Arco a engagé quelques consultants chargés de réfléchir à toutes les pistes possibles pour exploiter rapidement et avec profit les réserves de gaz naturel de l'Alaska. L'imagination des scientifiques a fait le reste : puisque le transport coûte cher, autant consommer sur place. Quant à l'exigence de la rentabilité, c'est tout naturellement avec de grands projets militaires qu'elle sera le mieux satisfaite.

Jeane Manning et Nick Begich relatent la suite de l'histoire :

---

90. Confirmé lors d'une rencontre avec l'auteur.

Au milieu des années 90, le sénateur Stevens défendit son projet dans une réunion de comité lorsqu'il déclara : « Je pourrais vous raconter le moment où l'Université de l'Alaska vint me voir pour m'expliquer qu'il serait possible d'apporter l'aurore sur la Terre. Nous pourrions exploiter l'énergie de l'aurore... » Il continua : « Personne au département de la Défense, personne au département de l'Énergie, personne dans l'appareil exécutif n'était intéressé à poursuivre. Pourquoi ? Parce que ça ne venait pas par le bon réseau, les bonnes connexions. J'ai donc fait ce que vous diriez que je devais faire. J'ai fait réserver l'argent par le Congrès, et maintenant l'expérience est en route. Elle coûtera de dix à vingt millions de dollars. Si elle réussit, elle changera l'histoire du monde. »

Certainement, mais pas de la façon dont le sénateur Stevens l'avait imaginé. Puis le projet débute, avec le dépôt des premiers brevets.

« Quelques-uns déchaînent particulièrement les passions en raison des applications militaires et des modifications environnementales majeures qu'ils mentionnent. Nous commencerons par les brevets du géophysicien Bernard Eastlund.[91] Il est amusant de constater qu'il a, entre temps, totalement renié ses anciennes activités liées à la défense, et est aujourd'hui un acteur déterminé de la mouvance opposée au programme Haarp », commente Luc Mampaey.

Haarp peut donc modifier les conditions environnementales et tellement d'autres choses encore, y compris le comportement humain, ce que nous a confirmé le Dr Rosalie Bertell lors d'un entretien, que ni les militaires ni les scientifiques ne peuvent dévoiler la totalité des recherches réellement menées. Dans leur livre *Les Anges ne jouent pas de cette Haarp*,[92] Jeane Manning et le Dr Nick Begich révèlent même comment les contractants sont tenus de mentir :

De plus, la crédibilité de l'U.S. Air Force est sapée par le fait que le département de la Défense autorise explicitement la dissémination d'informations trompeuses afin de protéger des programmes classifiés. Dans un supplément au manuel du Programme national de la sécurité industrielle, publié en version préliminaire en mars 1992, le département de la Défense indique à ses contractants

---

91. Bernard Eastlund est décédé le 12 décembre 2007. Il s'était inspiré des travaux de Nikola Tesla (1856-1943) pour ses recherches concernant Haarp.
92. *Opus* cité.

comment rédiger « des histoires qui doivent être crédibles et ne révéler aucune information au sujet de la vraie nature du contrat ».

Alors, peut-on penser que des forces armées s'embarrasseraient d'un programme purement civil si elles n'en avaient pas l'utilité ? D'autant plus que les coûts d'exploitation sont élevés, compte tenu des quantités « ionosphériques » de gaz brûlées pour générer l'électricité requise par la puissance du système Haarp.

Coup de tonnerre en Alaska !
En mai 2013, la station Haarp de Gakona est fermée. Motif officiel : les restrictions des budgets militaires ne permettent plus de financer le fonctionnement des installations. Alors, terminée la manipulation du climat et de l'environnement à travers l'ionosphère ?

Non, rassurons-nous !

Selon l'auteur Dan Eden, du site Viewzone.com, c'est sans importance, car Gakona est une façade, une sorte de faux-nez vis-à-vis du public : il aurait vu en 1998 la véritable installation Haarp près de Fairbanks, en Alaska également.

De toute façon, il y aurait une trentaine d'installations Haarp dans le monde, localisées à l'insu des populations, dont la station de Porto Rico, qui fonctionne en liaison avec celle de l'Alaska.

Pour la France, elle se situerait dans les Pyrénées, information communiquée au conditionnel, le « Secret Défense » empêchant toute vérification.

Des sources confirment également la présence de relais Haarp à bord de sous-marins, évidemment plus discrets que Gakona, parce que mobiles.

Quoi qu'il en soit, peut-on envisager que le Pentagone puisse se départir d'un outil présentant un tel potentiel de destruction n'importe où sur la planète ? Et pour cause de « restriction budgétaire » ?

Les Russes aussi

Un article de la *Pravda* du 30 septembre 2005 nous apprend que le Comité de la défense au Parlement russe soulève en 2002 la question du système Haarp et des perturbations terrestres qu'engendrent ces expériences sur l'ionosphère et la magnétosphère. La députée Tatiana Astrahankina déclare même :

> Les inondations catastrophiques en Allemagne, en France et en République tchèque, les trombes sur l'Italie, où il n'y en avait jamais eu auparavant, ce n'est rien d'autre que les conséquences pernicieuses des essais par les Américains de l'arme géophysique.[93]

Les députés lancent alors un appel au président Poutine et aux Nations Unies afin que soit instaurée une commission d'enquête internationale sur ces expériences. Bien évidemment, tout comme l'initiative européenne quelques années plus tôt, elle reste lettre morte.

Pourtant, les Russes ont aussi leur propre installation équivalente à Haarp, rattachée dès l'origine au budget du ministère de la Défense. Elle se situe en Russie centrale à Sura, un village distant d'environ 150 km de Nijni Novgorod, un des principaux centres du complexe militaro-industriel russe, avec la présence, par exemple, du constructeur d'avions Mig.

Plus ancienne que Haarp, l'installation de Sura fut créée en 1981, sur une superficie de neuf hectares, sous l'égide scientifique de l'Institut de recherche des études radiophysiques (Nirfi). La puissance serait nettement inférieure à celle de sa sœur d'Alaska, malgré des rangées d'antennes de vingt mètres de haut.

Interviewé dans l'article, Yuri Tokarev, directeur du Département des relations solaires et terrestres à l'Institut de recherche des études radiophysiques, explique qu'« il est possible de modifier le climat. Cependant, ni les Russes, ni les Américains ne sont capables pour le moment de créer quelque chose comme les ouragans Katrina ou Rita. La capacité des installations est trop faible. Les Américains sont en voie d'achever Haarp dans sa configuration finale, mais ce ne sera pas suffisant pour causer des catastrophes naturelles ».

Comme ces recherches sont bien évidemment secrètes et classifiées, peut-on attendre d'un scientifique de ce projet qu'il dévoile le pot-aux-roses dans la *Pravda* ?

---

93. *Novye Izvestia*, Vladimir Gavrilov et Anatoly Morkovkina, 28 septembre 2005.

Les installations de Sura ne sont plus réservées qu'aux seuls militaires puisque des expériences civiles ont été réalisées avec le support de l'Académie des sciences naturelles russe. Un exemple d'expérimentation ? Alors que le ciel était d'un bleu sans nuage au-dessus d'Erevan en ce jour d'avril 2004, les chercheurs réussirent à faire tomber de 25 à 27 mm de pluie...

Les militaires peuvent, de toute façon, partager avec les scientifiques leur centre de Sura, puisqu'ils en exploitent au moins un autre, situé à Apatity (du nom de l'apatite, qui désigne des phosphates), ville créée en 1966 dans la région de Mourmansk, au nord. Avant la chute du Mur, ils disposaient de deux centres supplémentaires : à Kharkov (Ukraine) et à Dushanbe (Tadjikistan). Difficile de savoir ce qu'il en est advenu depuis.

En toute logique, il n'y a aucune raison pour que les recherches aient été arrêtées. Ainsi, c'est le leader politique Vladimir Jirinovski qui en atteste : il s'énerve tout seul à la télévision le 15 mai 2011 et finit par déclarer que si la Géorgie continue de bloquer l'entrée de la Russie à l'OMC, il se produira un autre tsunami (Fukushima a eu lieu deux mois plus tôt), mais, cette fois, dans le Caucase... Il ajoute que son pays possède des armes secrètes qui peuvent détruire n'importe quelle partie de la planète en quinze minutes. Au moins, c'est dit.

Et les Chinois ?
Impossible d'imaginer que les Russes et les Américains testent l'ionosphère sans que les Chinois en fassent de même. C'est bien évidemment le cas, et depuis longtemps, puisque les premières recherches ionosphériques ont commencé dès les années trente. Ainsi, le *Chinese Journal of Physics*[94] nous apprend qu'eurent lieu des mesures de l'ionisation des couches de l'ionosphère lors de l'éclipse partielle de soleil du 19 juin 1936. Ces recherches furent pratiquées sous l'égide de l'Académie des sciences chinoise, à l'Institut de physique et à l'Université de Wuhan.

Une première station de mesures de l'ionosphère a été installée à Chongqing dès 1944 ; il en existe aujourd'hui au minimum une quinzaine répartie sur l'ensemble du territoire, dont une dans l'Antarctique,

---

94. *Chinese Journal of Physics*, 2(2), 169-177, 1936. Cité lors du Symposium spécial sur le sondage radio et la physique du plasma, 29 avril 2007, Shanghai.

la station Zhongshan. La Chine échange des données avec la Russie et l'Australie et a établi une collaboration avec l'Eiscat européenne. À ces stations, il faut ajouter les satellites : trois lancements sont prévus en 2012 aux fins d'observation du soleil et de l'environnement.

Ces recherches sont centralisées au laboratoire ionosphérique de l'Institut de recherche de la propagation des ondes radio à Xinxiang, dans la province du Henan, mais aussi à l'Université de Pékin, à l'Institut de physique de Wuhan, au Centre des sciences spatiales et de la recherche appliquée, etc. Il est utopique de vouloir distinguer la répartition de ces recherches entre activités militaires et civiles.

Sur le plan militaire, c'est le State Administration of Science Technology and Industry for National Defence (SASTIND), l'un des vingt-quatre départements du super-ministère de l'Industrie et des technologies de l'information créé en 2008, qui est en charge de la recherche, du développement et de la production au sein des dix groupes d'armement chinois. La collaboration s'effectue avec le Département général de l'armement de l'Armée populaire de libération.

Comme pour les Américains et les Russes, il est impossible ou presque de savoir avec précision le genre d'expériences que les militaires chinois pratiquent dans l'ionosphère. En tout cas, ils y sont.

Des forces puissantes
Pourquoi s'intéressent-ils tant à cette couche de l'atmosphère située approximativement entre 80 et 700 km au-dessus de la Terre, voire au-delà ? Parce qu'elle présente des caractéristiques particulières : les gaz y sont fortement ionisés par le rayonnement cosmique et solaire, ce qui signifie que l'énergie du soleil, notamment le rayonnement ultraviolet, est si forte qu'elle casse les molécules d'air, les transformant en ions[95] et en électrons, créant ainsi l'ionosphère, comme son nom l'indique.

Par suite, il s'y trouve une multitude d'électrons libres, ce qui facilite la propagation des ondes électromagnétiques, dont la communication par radio sur de longues distances.

Dans l'ionosphère naviguent en outre les satellites. Enfin, l'ionosphère constitue un laboratoire naturel de plasma (c'est-à-dire un

---

95. Pour mémoire, Le Petit Robert donne la définition suivante du mot « ion » : « Atome ou particule qui a perdu sa neutralité électrique par acquisition ou perte d'un ou de plusieurs électrons. »

mélange de gaz neutre et de gaz ionisé) difficile à étudier en laboratoire et qui constitue plus de 99 % de l'Univers.[96]

Peut-être plus important encore, elle protège la Terre du bombardement cosmique, sinon il n'y aurait plus de vie, ou, du moins, pas sous sa forme actuelle.

Outre ces particularités, l'ionosphère abrite des forces naturelles puissantes, dont les électrojets, qui sont des courants électriques traversant l'ionosphère à une altitude d'environ 100 à 150 km. Ils sont situés au-dessus de l'équateur et à proximité des pôles Nord et Sud. Des scientifiques ont constaté que lors de périodes perturbées sur le plan magnétique, un électrojet augmente en puissance et en largeur, tandis que s'accroissent également les champs électriques ionosphériques.

Signalons aussi deux autres forces naturelles, qui se situent en dessous de l'ionosphère mais peuvent néanmoins faire l'objet de manipulations et impacter le climat :

– les jet-streams : ces courants d'air rapides, de quelques centaines de kilomètres de large et quelques kilomètres d'épaisseur, soufflent d'ouest en est dans le sens de rotation de la Terre. La vitesse des vents à l'intérieur est d'environ 200 à 300 km/h, mais peut dépasser 400 km/h. Ils sont localisés à proximité des pôles, à une altitude entre sept et douze kilomètres au-dessus de la mer, et dans les zones subtropicales, entre dix et quinze kilomètres, zone proche de la tropopause ;

– les rivières de vapeur, dans la partie basse de l'atmosphère, à environ trois kilomètres au-dessus de la surface de la Terre.[97] Elles ont été découvertes au début des années 90 par le Dr Reginald E. Newell du Massachusetts Institute of Technology, qui a publié l'information dans les *Geophysical Research Letters*.

Au nombre de dix – cinq dans l'hémisphère Nord et cinq dans l'hémisphère Sud –, ces rivières charrient des masses d'eau gigantesques, comparables au débit de l'Amazone. Compte tenu de leur composition, elles ne sont pas visibles à l'œil nu, mais des scientifiques ont calculé qu'elles peuvent dépasser 7 000 km de longueur et 700 km de largeur.

Même un non spécialiste sent que la modification voire la maîtrise de ces forces naturelles pourrait provoquer des cataclysmes climatiques.

---

96. Source : CNRS.
97. D'après les *Vedas*, le héros hindou Bhagîratha fit descendre le Gange du ciel sur la Terre. S'agissait-il à l'origine d'une rivière de vapeur ?

Est-il alors surprenant de découvrir que les militaires russes, chinois, américains et européens (ne serait-ce que par la présence de l'Otan) ont décidé depuis longtemps d'élargir leur terrain de jeu à l'ionosphère ?

Des visées sur le ciel et au-delà...

De nombreux lecteurs pourraient être sceptiques et avoir du mal à imaginer qu'il soit possible, par exemple, de manipuler les jet-streams. Pour en avoir la confirmation, il suffit de consulter le site de la société Eastlund Scientific Enterprises Corporation,[98] fondée par le Dr Bernard Eastlund, l'un des inventeurs du système Haarp. Le projet du Jet Stream Solar Power Satellite (JSSPS), pour lequel un brevet est en cours de dépôt, « peut concentrer de l'énergie micro-onde sur un jet-stream pour changer sa position et l'empêcher de rester stationnaire pendant une longue période ».

Comme « les jet-streams jouent un rôle important dans les systèmes de tempête qui créent des tornades » et que « les sécheresses et les inondations majeures peuvent être associées avec un jet-stream demeurant stationnaire pendant des semaines », la société explique que les bénéfices à attendre du JSSPS sont « la réduction des inondations, la limitation des sécheresses, l'atténuation des climats sévères et la lutte contre les effets du réchauffement climatique ».

Bien évidemment, l'entreprise ajoute que « c'est notre espoir que cette technologie puisse être utilisée pour le bénéfice de l'humanité ». Comme Haarp ?

Ce n'est d'ailleurs pas le seul projet de cette société qui pose question, bien que certains soient peut-être (sans doute ?) déjà une réalité militaire.

Chaleur pour l'ionosphère en Alaska

Dans *Planet Earth – The Latest Weapon of War*, le Dr Rosalie Bertell signale que « le Canada était un partenaire de ces recherches depuis le début. Aussi tôt que 1962, il a envoyé des satellites dans l'ionosphère et commença à stimuler le plasma, apparemment juste pour voir ce qu'il se passerait. »[99] C'est une première étape.

---

98. www.eastlundscience.com (le site n'est désormais plus en ligne, bien que le nom de domaine ait été renouvelé en août 2015).
99. Michael Rycroft, *Active experiments in space plasma*, Nature, vol. 287, 4 sept. 1980, cité dans *Planet Earth – The Latest Weapon of War*, Rosalie Bertell, The Women's Press Ltd, 2000.

Puis, en 1966, des scientifiques de l'Université de l'État de Pennsylvanie construisent un appareil pour échauffer la partie basse de l'ionosphère avec de l'énergie électromagnétique. Le Dr Rosalie Bertell relate que « parce que le système causait des problèmes aux pilotes, il fut déménagé très loin, à Plattesville, Colorado. En 1974, des équipements du même type sont installés à Arecibo à Porto Rico et en Nouvelle-Galles du Sud, en Australie. Alarmé par ces nouvelles expériences atmosphériques, un sous-comité du Sénat américain essaye d'engager en 1975 la notion de responsabilité en matière de modification du climat, en demandant que toutes ces expériences soient supervisées par une agence civile responsable devant le Congrès. Malheureusement, la loi ne fut pas votée. »

En 1983, l'installation quitte le Colorado pour l'Alaska, à Poker Flat. Cette petite ville distante d'une cinquantaine de kilomètres de Fairbanks présente la particularité d'abriter le seul pas de tir de fusées universitaire, géré par l'Institut de géophysique de l'Université de l'Alaska, sous contrat avec la Nasa.

Un autre centre de recherche ionosphérique est créé en 1986 dans le village de Two Rivers, toujours en Alaska. Il s'agit du High Power Auroral Stimulation (Hipas), géré par le Laboratoire de physique des plasmas de l'Université de Californie. Cette installation est utilisée pour de nombreuses recherches expérimentales sur les aurores boréales, sur la conductivité de l'énergie dans l'ionosphère, les transmissions radio, etc. C'est ici que la Navy fait tester, entre autres, l'utilisation de l'ionosphère pour la communication avec les sous-marins en plongée.

Avec la construction de Haarp, la station Hipas devient redondante : sa fermeture est décidée et l'essentiel du matériel est vendu au printemps 2010.

Drôle d'oiseau sur la fréquence

Il n'y a pas que Haarp et ses petites soeurs qui peuvent influencer le climat. Voici ce qu'écrit l'ancien militaire et chercheur, Marc Filterman, dans *Les Armes de l'ombre*[100] :

> Il est en effet possible de produire des agitations moléculaires par le biais de fronts d'ondes stationnaires (Fos) avec des ELF (Extremely

---

100. *Les Armes de l'ombre*, Marc Filterman, Carnot, 2002 (3ᵉ édition).

Low Frequency) de 5 à 26 Hz. Le journal *National Enquirer* du 1er septembre 1978 dénonçait les attaques ELF venant de Russie. Il faut savoir que ces émetteurs sont polyvalents. Ils peuvent être utilisés pour communiquer avec les sous-marins, manipuler la météo, mais aussi interférer sur le métabolisme humain.

[...] La présence d'une centrale nucléaire à proximité – mais pas trop près – devient nécessaire. Il est en effet possible que de tels champs provoquent des défaillances au niveau d'un réacteur. En termes clairs, il est possible de créer des zones de basse et haute pression capables de générer des cyclones ou anticyclones, ou de violentes averses.

Lorsqu'il est question de centrale nucléaire soviétique, le premier nom qui vient à l'esprit est évidemment Tchernobyl (en Ukraine aujourd'hui), mise en service le 16 mai 1975. Avec raison, puisque, tandis que la centrale démarre progressivement, est construite dans le plus grand secret Tchernobyl 2, dont le but est d'abriter une installation militaire du nom de « Douga », composée d'un radar géant. Voici ce qu'écrit avec humour le journaliste Vladimir Brovko dans *La Pravda* du 5 mai 2010 :

Les expériences et le site Tchernobyl-2, entre les villages de Kopaci et Dibrova, sont, à l'époque, top-secret et le radar est désigné sur toutes les cartes topographiques comme un camp de pionniers.

Quel secret ! Comment ne pas voir de l'espace une antenne de 150 mètres de hauteur sur 800 de longueur ? Peut-être les Américains devaient-ils penser que les pionniers s'étaient construits leur propre station de radio amateur à ondes courtes ?

Les photos de cette installation, effectivement, ne ressemblent pas à celle d'un « camp de pionniers » (cf. p. 138).

Le premier signal radioélectrique émis par Douga est reçu sur les ondes courtes du monde entier le 4 juillet 1976, date éminemment symbolique (bicentenaire de l'indépendance des États-Unis). Rapidement, il est surnommé « pic-vert russe » (« woodpecker » en anglais), car le bruit ressemble au claquement sec et répétitif du bec de cet oiseau contre un tronc. Les nombreuses perturbations qu'il génère, notamment pour la sécurité des vols aériens, provoquent des plaintes du monde entier.

Les émissions s'arrêtent à partir de décembre 1989, concomitamment à la chute de l'URSS. Officiellement, il ne s'agit que d'un radar transhorizon, dont l'objet est de détecter les tirs de missiles intercontinentaux du bloc de l'Ouest, mais de nombreux experts, se basant sur les travaux de Nikola Tesla, assurent que les applications sont multiples, ainsi que l'explique Vladimir Brovko dans son article de *La Pravda* :

> Les signaux électromagnétiques de certaines fréquences peuvent être transmis par la Terre et pénétrer par sa surface à un angle de 30°. Ils forment un front d'ondes stationnaires qui, dans certains cas, peut s'ajouter aux ondes rayonnées par le noyau en fusion de la Terre. Ainsi, nous pouvons générer des tremblements de terre et des tempêtes sur un territoire ciblé.

Le journaliste cite *Andrew Michrowski,* président de la Société planétaire pour l'assainissement de l'énergie, qui souligne dès 1977 :

> Depuis octobre 1976, l'URSS peut transmettre des signaux à basse fréquence de plusieurs émetteurs Tesla. Leurs fréquences coïncident avec les fréquences d'impulsion du cerveau dans un état de dépression ou de colère. Les recherches ont montré que les signaux envoyés par l'Union soviétique modulent les impulsions des ondes cérébrales humaines. [...]

> L'Agence pour la protection de l'environnement a noté que les signaux basse fréquence peuvent être absorbés et réémis par les lignes électriques à la fréquence actuelle de 60 Hz et même intensifiés par les systèmes de conduite d'eau.

Voici ce qu'ajoute Marc Filterman dans *Les Armes de l'ombre* au sujet d'*Andrew Michrowski et du signal pic-vert :*

> Il a découvert que les Soviétiques, pendant l'hiver 77-78, avaient généré pour la première fois avec de puissants champs ELF, un Fos [front d'ondes stationnaires] entretenu à l'échelle planétaire, et réussi à manipuler le jet-stream. [...]

> Cette méthode permet de détourner de très importantes masses d'air de hautes et basses pression. Ils construisirent un émetteur à Angarsk, en Sibérie. Sa mise en route a provoqué des modifications météo de la pointe de l'Alaska jusqu'au Chili. À l'ouest du Fos, les basses pressions augmentaient pendant qu'à l'est, les zones de haute pression se décomposaient. Si les Fos coupent en diagonale le champ magnétique terrestre, il y a rupture de l'équilibre dynamique.

Angarsk n'est pas le seul émetteur, car les Soviétiques en ont construit d'autres, opérant en connexion 24 h sur 24, à Khabarovsk (également en Sibérie), sur l'île de Sakhaline, à Riga (Lettonie), à Gomel (Biélorussie), à Nikolayev (Ukraine), mais aussi à Cuba, à 60 km au sud de la Havane, dont certaines sources signalent la présence à l'époque d'environ 2 500 techniciens russes.

Dans le même cadre est développé un système appelé « gyrotron », dont l'objectif consiste à « nettoyer le ciel des avions de guerre occidentaux », grâce à l'émission de micro-ondes. Il pouvait aussi avoir des répercussions sur la composition chimique de l'atmosphère – y compris la couche d'ozone – et les conditions climatiques.

Jeane Manning et le Dr Nick Begich l'évoquent dans leur livre déjà cité :

> Le gyrotron [...] fonctionne sur les mêmes principes que les systèmes occidentaux. Au temps de la guerre froide, les recherches soviétiques étaient bien plus avancées que celles des Américains.

Ces technologies peuvent être utilisées, entre autres, pour modifier la direction du jet-stream et bloquer les évolutions climatiques sur de longues périodes (plusieurs semaines, voire plus).

Drôles d'oiseaux aussi en Amérique

Se référant à un article de *World Weather Magazine* de septembre 1993, Marc Filterman ajoute :

> Les Américains ne sont pas en reste dans ce domaine. Ils déclenchèrent un ouragan le 4 juillet 1978[101] en utilisant un émetteur ELF de 1,2 mégawatt au nord du Wisconsin. Des masses nuageuses se regroupèrent, déclenchant un orage qui repiqua vers la terre en se transformant en ouragan. Sa vitesse de 250 km/h balaya tout sur une bande de 200 km par 30 km. Plusieurs villages et 350 000 ha de forêt furent totalement détruits. Le coût se monta à 50 millions de dollars. Les experts conclurent que les Fos avaient doublé la puissance de la tempête par agitation moléculaire.

---

101. Selon nos recherches, c'est plutôt le 4 juillet **1977** que se produisit dans le nord du Wisconsin une « tempête féroce », selon le qualificatif du National Weather Service (NOAA), dont les caractéristiques correspondent à celles citées par Marc Filterman dans *Les Armes de l'ombre*. Outre des dégâts matériels considérables, elle fit un mort et trente-cinq blessés.

D'autres expériences ELF ont été réalisées avec de faibles puissances entre Roberval (Québec) et Mount Siple (Antarctique). Il a été estimé que 59 coups de foudre sur 97 ont été déclenchés par l'émission d'électrons de haute énergie libérés dans la magnétosphère. Les ELF pulsant chargent les masses nuageuses positivement ou négativement, permettant ainsi l'attraction ou la répulsion.

La génération de ces ondes ELF peut aussi créer un barrage atmosphérique aux rivières de vapeur. Il ne peut être prouvé que l'expérience a été réalisée, mais lors d'un entretien, le Dr Rosalie Bertell nous a expliqué avoir constaté sur les images satellite de la NOAA qu'une des rivières de vapeur de l'hémisphère Nord avait quitté son lit habituel tandis que se produisaient des pluies catastrophiques au-dessus de la région du Mississippi lors de la catastrophe connue sous le nom de « The Great Flood of 1993 » (« la Grande Inondation de 1993 », sur laquelle nous reviendrons dans le dernier chapitre). Le lien de cause à effet paraissait manifeste, car la rivière de vapeur (s')était placée juste au-dessus du bassin du Mississippi.

Basses fréquences mortelles ?

Les ondes ELF ne sont pas les seules en mesure d'influencer les conditions climatiques. Dans les années quatre-vingt est construit le réseau Gwen (Ground Wave Emergency Network), dont l'objectif officiel est de constituer au sol un réseau de communication qui résisterait à une attaque nucléaire des Soviétiques.

Voici ce qu'ajoute Philip L. Hoag, auteur du livre *No Such Thing As Doomsday*[102] :

> Chaque unité Gwen est capable de modifier le champ magnétique dans un rayon de 300 à 400 km. Chacune est constituée de grandes tours d'environ 100 m de hauteur, qui transmettent des ondes radio à travers des centaines de fils de cuivres de 100 m de longueur. Ces fils sont enterrés dans le sol et rayonnent à partir de la base de la tour. Ils interagissent avec la Terre tel un conducteur, transmettant l'énergie des ondes radio sur de très longues distances à travers le sol.

---

102. *No Such Thing As Doomsday*, Philip L. Hoag, Yellowstone River Publishing, 1999.

Il est difficile de croire que tout ce qui se trouve sur le chemin de ces ondes n'est pas impacté.

Le projet initial prévoit la construction de trois cents stations d'émetteurs-récepteurs dans la gamme des basses fréquences. Face à l'opposition grandissante, cinquante-huit stations seulement sont construites et, finalement, Gwen est remplacé à partir de 1999 par le programme Milstar (Military Strategic and Tactical Relay), une constellation de satellites géostationnaires.

Même si le réseau Gwen n'a pu être déployé à l'échelle prévue à l'origine, de nombreux spécialistes considèrent qu'il pouvait perturber le champ magnétique terrestre et les conditions climatiques, notamment par l'augmentation voire le déclenchement des précipitations.

L'une des catastrophes qui les interpellent particulièrement est aussi *The Great Flood of 1993*. Pour eux, les ondes émises par la dizaine de stations Gwen de la région ont probablement amplifié la catastrophe. Il est toutefois difficile d'être affirmatif, car avait eu lieu quelques décennies plus tôt la grande inondation de 1927 du Mississippi, aux caractéristiques assez comparables, dont on ne peut soupçonner une cause autre que naturelle.

Qu'il s'agisse des ondes émises par les systèmes Gwen, Douga ou Haarp, les scientifiques ont depuis longtemps constaté qu'elles pourraient mieux encore se diffuser à travers l'atmosphère et l'ionosphère s'il était ajouté au ciel une composante métallique. Qu'à cela ne tienne, il suffisait d'en convaincre les militaires...

Antenne Gwen
(remarquer les traînées
dans le ciel)

Installation Douga / Tchernobyl-2

© Illia Bondar | Dreamstime.com   © Olekseii Hlembotskyi | Dreamstime.com

Installation Haarp à Gakona (Alaska)

Chapitre 7

Le temps des chemtrails[103]

> They will drop down from the sky like rain. They will have no mercy. We must not get on the house tops to watch. [...] This will be the final decisive battle between good and evil. This battle will cleanse the heart of people and restore our mother earth from illness and the wicked will be gotten rid of.[104]
> Dan Evehema,
> Conseil des anciens des Indiens hopis

Du nouveau sous le soleil ?
Nous avons tous déjà remarqué que les avions dégagent, la plupart du temps, une petite traînée blanche appelée « traînée de condensation » ou « contrail » en anglais. Elle reste visible d'une dizaine à une trentaine de secondes.

Or, depuis au moins une trentaine d'années, de nombreux observateurs un peu partout dans le monde constatent que ces traces présentent de nouvelles caractéristiques, dont voici les principales :

– elles peuvent durer jusqu'à un jour, voire plus ;

– elles s'élargissent après leur émission et deviennent « duveteuses », filandreuses... ;

– ce sont parfois de véritables grilles qui se créent dans le ciel ;

– elles mesurent jusqu'à des centaines de kilomètres et peuvent s'étaler au-dessus de deux ou plusieurs pays ;

---

103. Ce chapitre a fait l'objet de la part de l'auteur d'un documentaire long métrage intitulé *Bye Bye Blue Sky* (2011). La version de 30' peut être vue sur YouTube sur le lien suivant : https://www.youtube.com/watch?v=a2k97WChmN0
104. « Ils tomberont du ciel comme de la pluie. Ils n'auront pas de pitié. Nous ne devons pas monter sur les toits pour regarder. [...] Ce sera la bataille finale entre le bien et le mal. Cette bataille nettoiera le cœur des hommes et guérira notre Terre mère, puis nous serons débarrassés des méchants. »

– elles se forment parfois à une altitude où les contrails ne peuvent être émis ;

– elles apparaissent au-dessus de zones où il n'y a aucun vol commercial ;

– certains avions en émettent, d'autres non, qu'ils soient civils ou militaires ;

– il ne semble y avoir aucune corrélation avec les conditions climatiques ;

– ces traînées peuvent totalement voiler le ciel en peu de temps si elles sont nombreuses ;

– on peut même les distinguer sur des images satellite.

Comme il n'y a pas d'explication sérieuse à l'apparition de ces phénomènes, beaucoup pensent qu'il s'agit de programmes d'épandage de substances dans l'atmosphère. Il leur a été donné le nom de « chemtrails », pour « chemical trails », c'est-à-dire « traînées chimiques ». Ces traces seraient donc composées de produits chimiques, mais surtout de particules métalliques (baryum, aluminium, etc.), ce qui, bien évidemment, aurait des répercussions sur l'environnement et la santé publique, car, plus lourdes que l'air, elles finissent par retomber.

Seuls les militaires semblent en mesure de réaliser de telles opérations, d'autant plus que des épandages sont effectués dans les couloirs aériens qu'ils se sont réservés. Ils ont donc été interpellés à de nombreuses reprises dans divers pays, ainsi que les gouvernements, les scientifiques et même la Commission européenne, mais la réponse est toujours identique : les chemtrails n'existent pas, il n'y a que des contrails. Curieusement, les grandes associations comme le WWF, Greenpeace et d'autres, sollicitées par des particuliers aux États-Unis, en Angleterre, en France, etc., donnent la même réponse de principe.

Cela ne suffit évidemment pas à calmer les esprits et les interrogations continuent. En 2005, l'U.S. Air Force a donc été amenée à rédiger un rapport publié sous la référence AFD-051013-001, qui traite ainsi de la question des chemtrails :

> La politique de l'Air Force est d'observer et de prévoir le temps. L'Air Force se concentre sur l'observation et la prévision du temps afin que les informations puissent être utilisées en appui des opérations militaires. L'Air Force ne procède à aucun programme ou

expérimentation sur le climat et n'a aucun plan de la sorte pour le futur.

Le canular des chemtrails a été analysé et réfuté par de nombreuses universités et organisations scientifiques réputées et accréditées, et par les publications majeures.

Les lecteurs n'hallucinent pas ou ne sont pas déjà victimes d'un effet chemtrail : il est bien écrit dans cette brochure que l'U.S. Air Force « ne procède à aucun programme ou expérimentation sur le climat »...

Nous avons pourtant vu précédemment de façon documentée que c'est faux, mais, manifestement, mentir ne pose pas de problème à l'U.S. Air Force.

En France, circulez...
Nous avons obtenu la même réponse de la part de scientifiques de Météo-France et du CNRS, pour lesquels il ne s'agit que de banales traces de condensation. À la question de savoir si, à l'appui de leurs affirmations, ils ont procédé à des analyses, la réponse est négative : ils se contentent de servir la position officielle de l'Organisation météorologique mondiale (OMM).

De même, le service de presse de la DGAC (Direction générale de l'aviation civile) nous a ri au nez lorsque nous les avons interrogés. Il existe de nombreux sites internet, dont Wikipedia, qui, comme les autorités, nient sans aucune discussion possible le phénomène lorsqu'ils ne cherchent pas à ridiculiser ceux qui s'y intéressent. Avec le plus grand sérieux, s'appuyant souvent sur le commentaire de tel ou tel sociologue, ils expliquent doctement que ceux qui croient aux chemtrails sont les mêmes que ceux qui croient à la fameuse (fumeuse ?) et sempiternelle « théorie du complot ». Faute d'argument, discréditer l'autre demeure la technique la plus efficace...

Pourtant, si ces « experts » s'en donnaient la peine, ils découvriraient qu'il y a de nombreuses preuves de l'existence des chemtrails, et que ces épandages de substances dans le ciel par les militaires n'appartiennent pas au monde des « croyances » et sont bel et bien conduites secrètement depuis plusieurs décennies.

Nous allons donc tenter de réunir les données objectives disponibles. En conséquence, nous ne retiendrons pas des informations insuffisamment étayées comme le projet Cloverleaf, même si l'une de nos sources nous a confirmé avoir constaté sur le tarmac d'un aéroport parisien du personnel de maintenance non enregistré dans la liste officielle s'affairant pourtant au remplissage du kérosène. Peut-être s'agissait-il d'une erreur ?

1972, grand cru pour les... contrails

Le 6 mai 1972, *The Free Lance-Star* (Virginie) publie un article sous le titre *More data on SST impact*,[105] dont voici un extrait :

> Les contrails familières souvent laissées par les avions volant à haute altitude peuvent persister pendant une longue période sous certaines conditions.

La conclusion évidente est que le phénomène n'aurait rien à voir avec des programmes militaires, ce qui plaide en faveur des autorités et donc de la théorie des contrails.

En novembre de la même année paraît le livre *Clouds of the World: A Complete Color Encyclopedia*[106] sous la signature de Richard Scorer. Dans le chapitre 11, intitulé « Condensation Trails », l'auteur présente de nombreuses photos en couleur qui ressemblent strictement aux traînées persistantes d'aujourd'hui. Compte tenu de l'ancienneté du livre, soit plus d'une quarantaine d'années, faut-il en déduire qu'est définitivement invalidée l'existence des chemtrails parce que les observateurs semblent ne les avoir observées que depuis trente ans environ ?

Pas encore, car les traces sur certaines photos comme les 11-4-3, 11-4-5 ou 11-4-6 semblent ne pas avoir été laissées « par les avions volant à haute altitude » compte tenu de la végétation ou des bâtiments visibles sur ces images. Cela pourrait signifier que les programmes de chemtrails sont plus anciens que ce que pensent la plupart de ceux qui étudient le phénomène.

---

105. Plus de données sur l'impact du transport supersonique (SST = supersonic transport).
106. Richard Scorer, *Clouds of the World: A Complete Color Encyclopedia*, Stackpole Books, novembre 1972.

Magnifiques couleurs toxiques

Si ces programmes militaires sont réels, il doit forcément en subsister ici ou là quelques traces... terrestres. Ainsi, le Dr Rosalie Bertell explique dans *Planet Earth*[107] que, grâce au parlementaire canadien Jim Fulton, elle a réussi à obtenir des informations officielles sur des épandages de substances métalliques dans le ciel :

> Les États-Unis et le Canada collaborent à des expériences de modification du temps depuis 1958. [...]
>
> Le Programme Churchill CRM[108] comprenait différents composés du baryum, dont de l'azoture de baryum, du chlorate de baryum, du nitrate de baryum, du perchlorate de baryum et du peroxyde de baryum. Tous sont combustibles et la plupart sont destructeurs de la couche d'ozone. Dans un programme de 1980, environ 2 000 kg de produits chimiques furent déversés dans l'atmosphère, incluant 1 000 kg de lithium. Le lithium est un produit chimique hautement réactif qui est ionisé très facilement par les rayons du soleil. Ceci augmente la densité des électrons dans les couches basse de l'ionosphère et crée des radicaux libres qui sont hautement réactifs et capables de produire d'autres changements chimiques. [...]
>
> Des changements dans l'ionosphère apportent des changements correspondant dans le climat de la Terre.
>
> Les expérimentations chimiques concernant l'atmosphère terrestre sont indubitablement liées au désir des militaires de puiser dans cette immense source d'énergie et de contrôler le climat. Les rapports sur l'impact environnemental de ces expériences n'existent pas, car elles sont antérieures à la législation qui les exigerait aujourd'hui. J'ai interrogé un jour le conservateur de la bibliothèque du Parlement du Canada pour savoir s'il existait des comptes-rendus officiels sur les conséquences de ces expériences. Il me fut répondu qu'il n'y avait aucun problème d'ordre environnemental étant donné que les scientifiques menant ces expérimentations n'en avait mentionné aucun et qu'il n'y avait pas de tollé de la part du public. Évidemment, puisque le public ne savait pas que les couleurs magnifiques qu'il observait dans le ciel pouvaient avoir été causées par des expériences.

---

107. *Opus* cité.
108. CRM pour « Chemical Release Modules » (« Modules d'émission chimique »).

Aveux officiels

En mai 1997, un comité du National Research Council (NRC) américain, investi d'une mission d'enquête par le Congrès, conclut que les expériences conduites dans les années cinquante et soixante par l'armée à l'insu des populations n'avaient eu aucune répercussion sur la santé publique.

De quelles expériences est-il question ? De la dispersion de gigantesques quantités de sulfure de cadmium-zinc et de micro-organismes au-dessus de trente-trois zones urbaines et rurales des États-Unis et du Canada, dans le cadre de tests de guerre bactériologique. Ont été visées de grandes villes comme Saint-Louis, Minneapolis et Winnipeg.

Certaines de ces substances sont pourtant toxiques : le cadmium est considéré comme une cause de cancer du poumon. Les affirmations du NRC sont donc à prendre avec des réserves, ne serait-ce que pour les raisons suivantes (le rapport lui-même en souligne certaines) :

– l'étude est conduite de trente à quarante ans après les expérimentations militaires. Comment identifier ceux qui à l'époque ont respiré ces particules ? De plus, les victimes d'un cancer du poumon ne sont certainement plus là pour témoigner...

– Des données sur la localisation de zones d'épandage ont tout simplement été « perdues » par les militaires. Le NRC osera néanmoins conclure qu'« après l'examen **exhaustif**[109] et indépendant requis par le Congrès, nous n'avons trouvé aucune preuve que l'exposition au sulfure de cadmium-zinc à ces niveaux pourrait rendre malades les gens. Même en acceptant le pire quant à la façon dont ces produits chimiques pourraient se comporter dans les poumons, nous concluons que le risque est plus grand simplement en vivant dans une ville industrialisée standard pendant quelques jours ou, dans certains cas, quelques mois. »

– En ce qui concerne les tests par rapport au risque du cancer, ils ont été effectués sur ce que l'on sait du sulfure de cadmium, mais pas sur le sulfure de cadmium-zinc, pour lequel aucune étude n'a été réalisée sur des êtres humains.

– En page 7, la question est posée quant aux conséquences du sulfure de cadmium-zinc sur l'environnement. Voici la réponse :

---

109. Souligné par nous.

On sait peu de choses sur la façon dont il s'accumule et évolue à travers l'environnement. Sur une longue période, il se divise probablement en sulfure de zinc et en sulfure de cadmium, à partir desquels il a été composé, et en d'autres matériaux. Il n'y a pas d'information disponible sur le développement du sulfure de cadmium-zinc dans les plantes, ou s'il se dépose dans les poissons et les animaux qui y sont exposés à travers l'air, l'eau, le sol ou la nourriture contenant du sulfure de cadmium-zinc.

Finalement, on ne sait presque rien des dangers de ce composant, mais cela n'empêche pas les militaires américains de le déverser dans le ciel pendant deux décennies au-dessus de grandes villes. Ni, près de quarante ans plus tard, le NRC de conclure que le mélange est sans conséquence sur la santé publique. Pourtant, le Centre international de Recherche sur le Cancer (CIRC), l'agence de l'OMS spécialisée dans le domaine du cancer, déclare tous les composés à base de cadmium comme agents cancérigènes.

En Europe aussi ?

Anthony Barnett, dans un article de *The Observer* du 21 avril 2002 intitulé *Millions were in germ war tests*,[110] commente un rapport déclassifié par le ministère de la Défense, dans lequel sont détaillées les expérimentations secrètes de guerre bactériologique effectués de 1940 à 1979 au-dessus de la population anglaise. Oui, pendant près de quarante ans !

Il y est révélé que furent répandus divers types d'agents biologiques toxiques, et de 1955 à 1963, comme aux États-Unis, de gigantesques quantités de sulfure de cadmium-zinc.

Des détails sont également communiqués sur les expériences dans la petite île écossaise inhabitée de Gruinard, qui est volontairement contaminée à l'anthrax en 1942. Elle ne sera décontaminée qu'à partir de 1986 et considérée comme sans danger en 1990 seulement.

Comme aux États-Unis, une enquête sur la toxicité du sulfure de cadmium-zinc est confiée à un organisme indépendant de l'armée, en l'occurrence l'Académie des sciences médicales. Elle s'appuie sur l'étude américaine et, sans surprise, conclut ainsi :

---

110. *Des millions sous les tests de guerre bactériologique.*

> Bien que nous comprenions le malaise général qui s'ensuivit lorsqu'il fut découvert, de nombreuses années après l'événement, que de vastes zones de la Grande-Bretagne avaient été soumises à cette forme d'expérimentation, les preuves existantes montrent qu'il n'y eut pas de danger pour la santé du public.

On a envie de demander « Quelles preuves » ? Quarante ans après les faits, qu'est-ce que des scientifiques peuvent bien prouver ? Même s'ils sont « indépendants » de l'armée, peuvent-ils prendre le risque de conclure que ces expériences étaient dangereuses pour le public, avec l'avalanche de procès et de demandes de dédommagements qui s'abattrait alors sur le gouvernement ?

Elle serait inévitable, car, ainsi que l'indique l'article, la plupart des communes britanniques ayant subi ces épandages ont été frappées de cas de malformations à la naissance, de handicap moteur et mental chez les enfants, de cancers et autres maladies dans des proportions bien supérieures à la normale. Alors, comme pour le petit village de Lynmouth détruit par les flots, les autorités britanniques refusent aux citoyens toute nouvelle enquête. Pourquoi donc en ouvrir une, puisque l'Académie des sciences médicales a tranché définitivement ?

Nous voulons bien ne pas croire à la théorie du complot, mais il est difficile de ne pas constater de nouveau la collusion entre les politiques, les militaires et les scientifiques, toujours au détriment de la population. Et la Reine était-elle informée de ces opérations ?

La fin de l'article de *The Observer* est de la même tonalité :

> Sue Ellison, porte-parole de Porton Down,[111] a déclaré : « Des rapports indépendants rédigés par d'éminents scientifiques ont montré qu'il n'y avait pas de danger pour la santé publique par suite de ces épandages qui ont été effectués pour protéger le public. Les résultats de ces expériences sauveront des vies si un jour notre pays ou nos forces devaient faire face à des armes chimiques et biologiques. »

Rhétorique magnifique : « Nous vous empoisonnons tout de suite pour vous protéger d'un éventuel futur empoisonnement par l'ennemi. Et, en plus, nous le faisons pendant (au moins) quarante ans ! »

---

111. Porton Down est un laboratoire militaire situé à proximité de Salisbury, spécialisé, entre autres, dans les armes chimiques. Il fut créé en 1916, mais ce n'est qu'à partir des années soixante que les autorités reconnurent son existence (source : BBC).

L'article est conclu par ces propos de Sue Ellison :

> Interrogée si ces tests étaient poursuivis, elle répondit : « Il n'est pas dans nos habitudes de discuter des recherches en cours." »

No comment.

Au passage, le rapport de l'Académie des sciences médicales nous apprend que ces expérimentations furent non seulement conduites aux États-Unis, au Canada et au Royaume-Uni, mais aussi en Scandinavie, sans toutefois donner plus de détails sur la durée et l'intensité de ces opérations. D'autres pays européens ont également pu être touchés, car les Britanniques ont aussi effectué des épandages au-dessus de la Manche et de la mer du Nord, zones fort ventées...

Des traînées à la pointe de l'épée

Cela fait donc plus de soixante ans que les militaires répandent des produits chimiques et des particules métalliques dans le ciel, à l'insu des populations. Il est difficile de savoir si ces opérations laissaient les mêmes traînées qu'aujourd'hui.

Une réponse pourrait toutefois provenir de Zorro. Zorro ? Oui, le célèbrissime vengeur masqué, dont la première saison de la série télévisée fut diffusée aux États-Unis à partir de 1957-1958. Dans plusieurs épisodes apparaissent des traînées d'avion persistantes. Le cas le plus flagrant est l'épisode 25 de cette saison 1, intitulé *Le Renard contre le loup*, où elles apparaissent pratiquement pendant toute la course.

Nous avons visionné la version colorisée, qui le fut en 1992, mais il n'y a aucune raison de penser que ces traces d'avion n'existaient pas dans la version originale en noir et blanc. D'autant plus qu'il semble impossible techniquement d'ajouter les traînées au-dessus des arbres dans la scène où le commandant Garcia découvre que Zorro participe à la course.

Zorro était-il donc moins menacé par ses ennemis que par le nitrate de baryum et le sulfure de cadmium-zinc ? De toute évidence, mais il n'était pas le seul, car d'autres films et séries télévisées de l'époque témoignent du phénomène.

Des traînées à la pointe de la loi

Le mot « Chemtrails » apparaît en tant que titre d'un manuel édité à l'automne 1990 par le département de chimie de l'Académie de l'U.S. Air Force. Il semble que ce soit la première fois que le mot aurait été utilisé dans la littérature officielle – cela ne signifie pas qu'il ne le fût pas antérieurement. Il n'y est cependant pas fait mention d'épandages massifs.

Le mot continue son chemin et réapparaît en 2001, lorsque le représentant (démocrate) de l'Ohio Dennis Kucinich présente au Congrès sous le n° HR 2977 un projet de loi intitulé le Space Preservation Act. Dans la Section 7 – Définitions, il est écrit :

(B) Ces termes incluent les systèmes d'armes exotiques tels que :

(i) armes électroniques, psychotroniques, ou d'information ;

(ii) chemtrails ;

(iii) systèmes d'armes à ultra basses fréquences de haute altitude ;

(iv) armes à plasma, électromagnétiques, sonores ou à ultrasons ;

(v) systèmes d'armes laser ;

(vi) armes stratégiques, opérationnelles, tactiques ou extra-terrestres ; et

(vii) armes chimiques, biologiques, environnementales, climatiques ou tectoniques.

Le terme « chemtrails » et ces « systèmes d'armes exotiques » disparaîtront du texte définitif adopté par la Chambre des représentants.

Selon différentes sources, Dennis Kucinich fut interviewé en janvier 2002 par Bob Fitrakis du journal Columbus Alive. À la question sur les raisons pour lesquelles il voulait introduire le terme « chemtrails » dans son projet de loi alors que le gouvernement américain en nie depuis toujours l'existence, le député répondit : « La vérité est qu'il y a un programme entier au département de la Défense, nommé *Vision for 2020*, qui développe ces armes. »[112]

Quant au document *Vision for 2020* rédigé par le United States Space Command, sans surprise, sa version publique n'apporte aucune précision.

---

112. http://www.globalresearch.ca/articles/FIT203A.html

Des traînées à la pointe du brevet

Les militaires laissent peu de traces, les industriels un peu plus. Ainsi, en mars 1991, David B. Chang et I-Fu Shih, deux chercheurs de la Hughes Aircraft Company, un contractant majeur de la défense aux États-Unis, déposent un brevet sous le n° 5003186. Les premières lignes expliquent l'objet de leur découverte :

> Une solution au problème du réchauffement climatique consiste à ensemencer l'atmosphère avec des particules métalliques. Une technique pour répandre ces particules métalliques consisterait à ajouter de minuscules particules dans le kérosène des avions de ligne, de sorte que les particules soient émises par les moteurs de l'avion lorsqu'il vole à son altitude de croisière.

Pour ce faire, les auteurs préconisent d'utiliser des oxydes de métal qui ont une haute émissivité, comme l'oxyde d'aluminium, qui présente l'avantage d'être bon marché, et l'oxyde de thorium.

De l'oxyde de thorium ? Voici ce qu'en dit www.termsciences.fr :

> Un agent de contraste radiographique qui était utilisé au début des années 30 jusqu'aux environs de 1954. Des taux élevés de mortalité sont liés à son utilisation et il a été démontré qu'il provoque le cancer du foie.

C'est ce que ces deux chercheurs veulent disperser dans le ciel... On apprécierait que, de temps en temps, les scientifiques pensent à ceux qui sont en dessous, car, à un moment ou à un autre, ces particules métalliques retombent sur Terre.

Cela dit, la lecture de leur brevet laisse sceptique : certes, la question du réchauffement climatique commence à s'intensifier à l'époque, avec la création du Giec[113] trois ans plus tôt, mais qu'est-ce que la Hughes Aircraft Company viendrait faire sur ce marché ? Sous couvert de ce brevet en apparence destiné à des opérations civiles, n'y aurait-il pas également (ou plutôt) des applications militaires ?

Une partie de la réponse vient peut-être du brevet antérieur auquel Chang et Shih font référence, enregistré sous le n° 3222675 en décembre 1959 en faveur de Walter Schwartz et de TRW Inc., société rachetée en 2002 par Northrop Grumman, un autre géant industriel américain de la défense et de la sécurité, dont voici un extrait :

---

113. Giec : Groupe d'experts intergouvernemental sur l'évolution du climat (affilié à l'ONU).

On sait depuis de nombreuses années que l'ionosphère pourrait être utilisée pour réfléchir les ondes radio vers la surface de la Terre. Au fur et à mesure que les fréquences augmentent et que la longueur d'onde diminue est atteint un point à partir duquel la réflexion des ondes radio cesse d'être efficace. Par suite, il a été suggéré qu'une ceinture de dipôles ou de réflecteurs soit mise en orbite autour de la Terre afin de permettre la réflexion des signaux de haute fréquence.

Ce chercheur explique ensuite comment placer dans le mécanisme qu'il a inventé différentes substances comme l'anhydride maléique qui, en fonction des conditions, se transforme en gaz. L'objectif est de favoriser la transmission des signaux, ce que permettrait aussi la dispersion de particules métalliques dans le ciel décrite dans le brevet de la Hughes Aircraft Company.

Difficile d'en dire plus, si ce n'est que l'idée étant dans l'air, les substances devraient suivre...

D'autant plus qu'il n'y a pas que la Hughes Aircraft Company à être alléchée par ce marché. Ainsi, la compagnie Evergreen International Aviation Inc. vante sur son site internet les possibilités de sa flotte de « supertankers », des Boeing 747 spécialement aménagés pour épandre des produits chimiques dans le ciel, y compris de nuit. Parmi les quatre marchés présentés, l'un est la modification du climat. Il n'est pas précisé toutefois s'il s'agit d'un marché potentiel ou d'une activité déjà engagée.

Sur sa page « Investor Relations », Evergreen International Aviation Inc. annonce qu'elle a peu de clients, ce qu'elle reconnaît comme un facteur de risque économique. Le fait que le principal soit une unité de l'U.S. Air Force ne permet pas cependant de conclure qu'elle pratique la modification du temps pour l'armée. En tout cas, tout est prêt.

La reconnaissance se poursuit
Les premières traînées ont été observées aux États-Unis et au Canada. Depuis, elles sont constatées dans toute l'Europe, y compris dans les anciens pays de l'Est. Lors de notre enquête, un témoin nous a raconté se trouver en Croatie lorsque le pays a adhéré à l'Otan : le lendemain même, des avions laissaient ces traces pour la première fois dans le ciel croate. Selon la plupart des associations européennes qui luttent

contre le phénomène, seule une organisation supranationale comme l'Otan peut coordonner ces opérations à l'échelle du continent.

C'est d'ailleurs d'Europe que va venir l'une des premières confirmations officielles. La chaîne RTL consacre un reportage à ce sujet en décembre 2007 : des nuages anormaux de 350 km de long apparaissent sur les radars de la météorologie allemande, d'abord à l'été 2005 puis en mars 2006. Les météorologistes interpellent l'armée fédérale, qui reconnaît avoir effectué des exercices sur la frontière avec les Pays-Bas et procédé à des épandages. Les militaires précisent toutefois que ces produits ne sont pas dangereux et que les quantités sont minimes. Un météorologue, Karsten Brandt, est convaincu du contraire : il témoigne de son étonnement devant la taille de ces nuages artificiels et les quantités colossales de produits qu'il a fallu injecter pour les générer.

Par la suite, les météorologistes observent de nouveaux vols similaires au-dessus de la plupart des régions allemandes, qui créent encore ces couches denses de nuages artificiels.

Certes, les militaires allemands n'ont pas révélé la nature des produits déversés dans l'atmosphère, mais au moins ont-ils reconnu officiellement avoir effectué des épandages.

Canular contre bobard
Lors d'un entretien, le Dr Rosalie Bertell nous a indiqué avoir interpellé les militaires états-uniens à plusieurs reprises sur cette question. Ils ont nié à chaque fois avant de finir par reconnaître, face aux fuites qui se multipliaient, qu'ils pratiquent effectivement ces opérations d'épandage.

Le but invoqué est la lutte contre le réchauffement climatique. Depuis quand les militaires s'occupent-ils du réchauffement climatique ? Qui le leur a demandé et à quel titre ?

Pour être franc, cela paraît du bobard pur jus... Il n'y a malheureusement pas de déclaration officielle qui nous permettrait d'en savoir plus, puisque, désormais, les militaires américains se réfugient catégoriquement derrière l'affirmation que les chemtrails sont un « canular », comme l'a écrit l'U.S. Air Force dans sa brochure.

Des analyses à la tonne

Nous nous sommes intéressés aux produits répandus, ou supposés répandus si les chemtrails sont un canular... Sont publiées sur internet des analyses effectuées dans plusieurs pays à la demande de particuliers, d'associations et d'universités ayant prélevé des échantillons de sol, d'eau ou d'air.

Les résultats témoignent que les métaux lourds les plus fréquents sont l'aluminium et le baryum, sous la plupart de leurs formes (sulfate, chlorure...), mais aussi le cadmium, le titane, le lithium, etc.

Il a même été trouvé du triméthylaluminium, un composé chimique à partir de l'aluminium, qui se présente sous forme liquide et se transforme en fumée blanche lorsqu'il est vaporisé dans l'air. Ainsi qu'il nous l'a été précisé, cette substance est facile à ajouter au kérosène des avions.

Pour en avoir le cœur net, nous avons nous aussi fait procéder à des analyses. Nous avons prélevé des échantillons de sol en surface dans trois jardins publics de Paris. Le laboratoire nous a envoyé les résultats quelques jours plus tard : il y a bien de l'aluminium et du baryum dans les bacs à sable parisiens.

Il pourrait nous être rétorqué que cela ne prouve pas pour autant que ce sont les militaires qui répandent ces substances dans le ciel. Certes.

Des officiers français nous ont cependant confirmé que ces opérations d'épandage sont bel et bien pratiquées au-dessus de l'hexagone. Comme ils n'ont pas voulu témoigner publiquement, nous avons cherché des « traces » ailleurs.

Parmi nos pistes de réflexion, nous avons déduit que si l'armée dispersait du baryum, elle devait forcément l'acheter quelque part ; peut-être existerait-il un appel d'offres qui le confirmerait ?

Nous avons donc visité le site des marchés publics de la Défense nationale et la chance nous a souri : nous avons en effet trouvé une annonce du 24 janvier 2006 de la Direction générale de l'armement via son Établissement technique de Bourges (ETBS) pour la fourniture de dix tonnes de sulfate de baryum ou barytine C14.

Qu'est-ce que les militaires peuvent bien faire d'une telle quantité de baryum, à part le répandre dans l'atmosphère ?

De plus, juste après notre passage, nous sommes retournés sur ce site officiel pour vérifier si l'annonce était toujours visible : évidemment, elle avait été supprimée... Pourquoi ? L'armée aurait-elle des choses à cacher au peuple français, qu'elle est pourtant censée protéger ? Et va-t-on continuer encore longtemps à nous mentir et à nous raconter que les chemtrails sont un canular ?

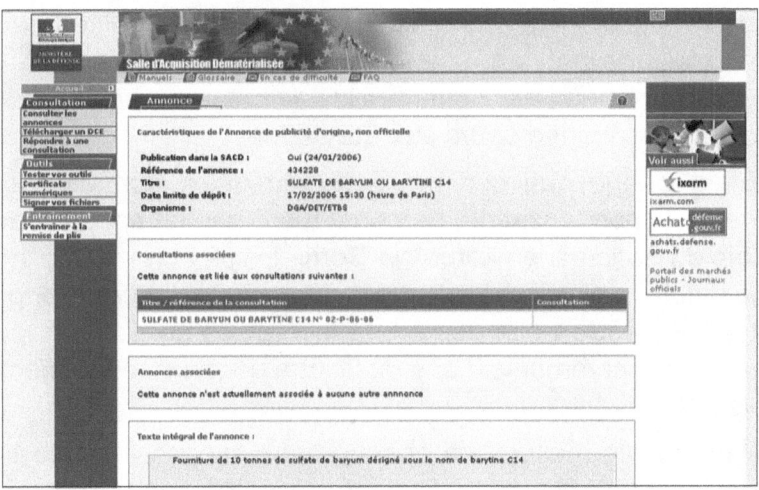

Le silence complice du commissaire européen

Manifestement, on ne ment pas qu'aux populations. En effet, le 10 mai 2007, le député hollandais au Parlement européen Erik Meijer pose une question écrite à la Commission, dont l'objet est « la préoccupation croissante à l'égard des traces laissées par les avions, lesquelles ne contiennent plus uniquement de l'eau, mais engendrent des voiles laiteux de longue durée, conséquence potentielle de la présence de baryum, d'aluminium et de fer ».

Voici le texte intégral officiel en français de sa question :

1. La Commission sait-elle que depuis 1999, les citoyens américains et canadiens se plaignent de plus en plus fréquemment d'un nouveau type de traces laissées dans l'air par des avions ? Ces traces peuvent parfois rester en suspension pendant plusieurs heures et atteindre une extension largement supérieure, entraînant la formation de voiles laiteux baptisés « aerial obscuration » (« obscurations aériennes »). La Commission sait-elle que ce nouveau type de traces se distingue nettement des fines et courtes lignes blanches présentes dans l'air, baptisées « traînées de condensation » depuis l'invention du moteur à réaction, lesquelles ne restent pas plus de 20 minutes dans l'air et ne peuvent apparaître que si la vapeur d'eau se condense sur les particules de poussière en raison de la faiblesse des températures et d'un taux d'humidité élevé ?

2. La Commission sait-elle que les enquêtes menées par ces plaignants, les observations des pilotes et les annonces des pouvoirs publics aboutissent de plus en plus fréquemment à l'hypothèse qu'en l'espèce, l'avion diffuse dans l'air sec de petites particules composées de baryum, d'aluminium et de fer, une substance immédiatement baptisée « chemtrails » (« traînées chimiques ») dans le cadre du débat en cours aux États-Unis ?

3. Étant donné que ces traînées chimiques, contrairement aux traînées de condensation, ne constituent pas un sous-produit inévitable du trafic aérien actuel, la Commission connaît-elle la finalité de la diffusion planétaire artificielle de ces substances d'origine terrestre ? Possède-t-elle des effets favorables sur la production de pluie, les télécommunications ou la lutte contre le réchauffement de la planète ?

4. Dans quelle mesure les obscurations aériennes et les traînées chimiques sont-elles actuellement présentes dans l'espace aérien européen, sachant que nombre de citoyens de notre continent sont désormais persuadés de leur présence croissante et s'inquiètent face au manque d'informations concernant ce phénomène et à l'absence d'explications à l'intention du public ? Qui prend l'initiative de diffuser cette substance et d'où proviennent les financements ?

5. Abstraction faite des conséquences positives recherchées par la diffusion de ces substances dans l'air, la Commission en connaît-

elle également les inconvénients potentiels pour l'environnement, la santé publique, le trafic aérien et la réception des signaux télévisuels ?

6. Comment empêcher des États européens ou des entreprises de prendre des mesures unilatérales dont les conséquences transfrontalières peuvent être considérées comme néfastes par d'autres États ou par des organisations de citoyens ? Une coordination est-elle d'ores et déjà assurée sur ce plan ? L'Union joue-t-elle un rôle à ce niveau ou attendez-vous d'y jouer un rôle à l'avenir ? Quels sont vos objectifs à cet égard ?

La réponse arrive quelques semaines plus tard, le 26 juin 2007, par Stavros Dimas, commissaire européen à l'environnement :

1. La Commission a connaissance des affirmations que de tels modes et phénomènes existent. Cependant, la Commission n'a connaissance d'aucune preuve appuyant de telles affirmations. L'ampleur à laquelle les traînées de condensation des avions se forment et la vitesse à laquelle elles disparaissent est dans un premier temps déterminée par la pression, la température, et l'humidité relative pour un niveau de vol donné. Les propriétés du carburant et de la combustion et l'efficacité globale de la propulsion peuvent aussi avoir un impact. Tout changement ou tendance de l'importance des observations de traînées de condensation restant visibles ou se développant en nuages plus étendus pourraient donc être dus à des facteurs tels que :

– conditions météorologiques

– volume du trafic

– efficacité des moteurs.

2. La Commission a connaissance de telles affirmations mais n'a connaissance d'aucune preuve que des particules de baryum, d'aluminium, ou de fer sont émises, délibérément ou non, par des avions.

3. Non. Il ne peut être exclu que le relâchement de telles particules pourraient affecter les précipitations ou le changement de climat, mais, comme indiqué ci-dessus, la Commission n'a connaissance d'aucune preuve que de tels relâchements existent.

4. La Commission n'a connaissance d'aucune preuve que de telles méthodes sont employées en Europe.

5. Aucune des substances auxquelles il est fait allusion n'est dangereuse en soi (texte original : *none of the substances referred to are hazardous per se*), mais certains effets sur l'environnement et la santé publique ne peuvent être écartés si des relâchements à grande échelle se produisaient.

6. Comme indiqué ci-dessus, la Commission n'a connaissance d'aucune preuve suggérant qu'il y a des raisons d'agir.

Les citoyens européens apprécieront : le commissaire chargé de leur protection reconnaît qu'il peut y avoir des effets sur l'environnement et la santé publique, mais il ne voit aucune raison d'agir, pas même de faire des analyses...

Cette réponse est d'autant plus injustifiée que nous avons filmé des chemtrails à Bruxelles : il suffit donc de regarder le ciel pour constater qu'il se produit « des relâchements à grande échelle ». La Belgique est tellement touchée par le phénomène qu'une plainte pour épandages illégaux a été déposée en justice.

Que faut-il comme « preuves » à ce monsieur Dimas ? N'est-ce pas son devoir et sa responsabilité que de les susciter ? On nous parle beaucoup de sécurité et du « principe de précaution », y compris pour restreindre les libertés civiles, pourquoi n'est-il pas appliqué en l'occurrence ?

Nous lui avons d'ailleurs demandé une interview sur cette question : son cabinet n'a pas jugé utile de répondre. Signalons également qu'il a reçu une récompense l'année suivante : celle de commissaire européen de l'année 2008. Nous aurions aimé connaître les critères d'attribution d'un tel honneur...

Des atteintes à la santé publique

Parce que contrairement à ce que soutient S. Dimas, ces produits sont dangereux, voire très toxiques. Certes, lorsque nous avons soumis au directeur du Centre antipoison de Paris les résultats de nos analyses témoignant de la présence de baryum et d'aluminium, il a considéré qu'il n'y avait pas de danger. Toutefois, la fiche toxicologique n° 125 intitulée *Baryum et composés* établie par les services techniques et médicaux de l'INRS (*Institut national de recherche et de sécurité*) nous apprend que :

> Le baryum absorbé se dépose dans les muscles, et surtout dans les os. [...]
>
> Le baryum se fixe aux protéines (54 % de la dose), active la sécrétion de catécholamines par les surrénales et stimule les muscles. Ses effets toxiques sont essentiellement dus à une action sur les flux de potassium à travers les membranes des cellules excitables (nerfs, muscle, cœur). L'exposition de telles cellules au baryum provoque une diminution rapide de la perméabilité au potassium et de son efflux ; ceci entraîne une baisse du potentiel de repos membranaire avec une hyperirritabilité et une augmentation d'activité. [...]
>
> Sur la peau et les muqueuses, l'oxyde et l'hydroxyde de baryum peuvent exercer une action caustique.

Cette fiche toxicologique précise également les valeurs limites de moyenne d'exposition indicatives fixées pour le sulfate de baryum aux États-Unis (ACGIH) et en Allemagne (Commission MAK) de l'ordre de 1,5 à 10 mg/m^3 (notons que dans nos analyses à Paris, nous sommes à plus de 70 mg, mais par kg de matière sèche, pas par m^3).

Enfin, pour être justes, citons ce commentaire de l'INRS :

> Quelques études rapportent la présence d'hypertension, de bronchite chronique, de troubles cardiaques mal définis parmi les populations exposées professionnellement ou par contamination environnementale (eau chargée en baryum principalement). Elles sont cependant toutes partielles ou critiquables sur le plan méthodologique. Ces effets ne sont donc pas démontrés.

Voici toutefois ce que conclut une étude sur la sclérose en plaque publiée en mai 2004 dans la revue *Medical Hypotheses* (volume 62) sous la plume de Mark Purdey :

> Les analyses des écosystèmes avec les taux de sclérose en plaque les plus élevés dans le Massachusetts, le Colorado, l'île de Guam, la Nouvelle Écosse démontrent de hauts niveaux de baryum dans les sols (moyenne : 1428 ppm[114]) et la végétation (moyenne : 74 ppm) comparativement aux moyennes de 345 et 19 ppm enregistrées dans les régions voisines à faible taux de sclérose en plaque.

---

114. Ppm = partie par million, unité de mesure en volume très utilisée en sciences.

Ces hauts niveaux de baryum proviennent de carrières locales de baryum et/ou des industries où il est utilisé, telles que la papeterie, la fonderie, le soudage, le textile, le pétrole et le gaz, ainsi que de son utilisation comme produit d'épandage atmosphérique pour l'augmentation / la réflexion des ondes radio/radar dans les couloirs aériens militaires, les tests de missiles, etc.

Nous avons d'ailleurs cherché à prendre contact avec Mark Purdey pour approfondir ces données, mais il est décédé en novembre 2006.

Quant à l'aluminium, les études montrent de plus en plus qu'il pourrait être une des causes de l'augmentation des maladies comme Alzheimer, la fibromyalgie, le cancer du sein, etc., qui commencent à frapper des populations jeunes. Cela dit, l'aluminium ne tombe pas que du ciel, puisqu'on le trouve dans les cosmétiques, les crèmes solaires, les déodorants, dans nos assiettes (des additifs alimentaires contenant des sels d'aluminium sont autorisés), dans nos casseroles, dans l'eau que nous buvons et, bien sûr, dans la plupart des vaccins, dont ceux destinés aux nouveau-nés et aux enfants.

Qu'il s'agisse du baryum, de l'aluminium ou des autres substances métalliques utilisées, il est donc manifeste que la plupart ne sont pas neutres pour la santé et l'environnement.

La cause d'une maladie inimaginable ?
Malheureusement, il n'y a pas que des particules métalliques et des produits chimiques dans le ciel. De nombreuses sources, sur la base d'analyses effectuées en laboratoire, parlent également d'agents virologiques tels que les bactéries chlamydia pneumonia, divers mycoplasmes, etc., dangereux pour l'homme.

Plus inquiétante encore est l'apparition d'une nouvelle maladie, dite « des Morgellons », qui commence à faire des ravages aux États-Unis, mais aussi en Europe, avec des cas déclarés en Italie. Cette maladie toutefois est controversée : il suffit de lire ce qu'en dit Wikipedia pour le constater.

De quoi s'agit-il ? Les analyses effectuées sur des personnes atteintes révèlent la présence de nano-fibres qui grandissent à partir de leurs plaies sur le corps. Cette évolution ne peut être stoppée et ces nano-matériaux ne sont pas d'origine naturelle. D'où peuvent-ils provenir ?

Deux scientifiques américains notamment sont à la pointe des recherches dans ce domaine : le Dr Hildegarde Staninger, toxicologue, et le Dr Michael Castle, spécialiste de la chimie des polymères et des questions environnementales.

Ils ont fait procéder à de nombreuses analyses par différents laboratoires, qui témoignent que ces nanomatériaux ont également été retrouvés dans des chemtrails. Le Dr Staninger a même découvert que des fibres de chemtrails du Texas concordent exactement avec certaines collectées en Italie, à Venise. Elle considère que les conséquences publiques de cette maladie des Morgellons pourraient être bien plus dramatiques que l'amiante.

Pour les lecteurs qui souhaitent en savoir plus, nous leur conseillons de lire le rapport du Dr Staninger. Quant à l'article *Nano Chemtrails* publié par William Thomas sur son site www.willthomasonline.net, il est tout simplement terrifiant quant aux possibilités et dangers de ces technologies. C'est d'ailleurs depuis 1998 que ce journaliste américain lutte contre le phénomène.[115]

Des plantes au bon goût de métal

Les dernières analyses que nous avons consultées ont été réalisées sur des échantillons de neige du mont Shasta, en Californie. Elles témoignent de taux d'aluminium jusqu'à 60 000 ppm, soit soixante fois le maximum autorisé, ce qui est colossal – les spécialistes apprécieront. Or, le mont Shasta culmine à plus de 4 300 m ; c'est donc une zone vierge des industries qui pourraient expliquer de telles concentrations. Les scientifiques interrogés sont bien évidemment incapables d'en expliquer la cause, même par la pollution. Existe-t-il une autre conclusion possible que cet aluminium tombe du ciel, comme la manne dans le désert ? Et s'il en tombe, ne serait-ce pas parce qu'il y a été épandu ?

Il pourrait bien constituer une manne d'une autre nature, financière cette fois, puisque le ministère de l'Agriculture des États-Unis et la société brésilienne Empresa Brasileira de Pesquisa Agropecuaria sont les bénéficiaires d'un brevet accordé le 1er septembre 2009 sous le n° 7582809 B2, dont l'objet consiste à ajouter aux plantes un gène

---

115. Lire notamment son livre *Chemtrails Confirmed*, William Thomas, Bridger House Publishers, 2004.

augmentant leur tolérance à l'aluminium (le SbMATE). Des essais ont été effectués sur le maïs, le blé et le riz. Pourquoi diable faut-il maintenant rendre résistantes à l'aluminium les principales céréales de l'alimentation humaine ? Quelle menace est à craindre ?

Il est vrai que si une zone préservée comme le mont Shasta présente de tels pourcentages d'aluminium, il est temps de s'inquiéter…

Pour quel(s) objectif(s) ?
Après avoir interrogé des militaires, des pilotes, des scientifiques, des associations dans plusieurs pays pour notre enquête sur les chemtrails dans le cadre du documentaire et de ce livre, il apparaît évident que ces traînées d'avion persistantes ne sont pas de simples traînées de condensation. Ce phénomène est donc bien une réalité, reconnue, de plus, par des autorités comme le Congrès des États-Unis ou l'Académie royale de médecine en Angleterre.

Hors caméra, un militaire nous a indiqué qu'il y aurait environ quatre cents programmes dans le monde liés aux chemtrails. Effectivement, nous en avons aussi filmées en Inde, en Chine, au Maroc, au-dessus du Moyen-Orient…

Il est impossible de dresser la liste de ces programmes, encore moins de leurs buts. Les plus évidents semblent la maîtrise du climat et la transmission des ondes. Un troisième, de plus en plus évoqué, est le contrôle des populations. À notre connaissance, rien ne permet pour l'instant de le prouver.

Pour ce qui est de la manipulation du climat, une étonnante vidéo datée du 1er juin 2011 peut être visionnée sur YouTube[116] : une tempête est comme dirigée de l'Atlantique vers la Floride, aimantée grâce à l'épandage de chemtrails…

---

116. http://www.youtube.com/watch?v=uTAsB0ggATo&NR=1
Cette vidéo a, depuis, été supprimée du site. Il était effectivement très impres-sionnant de regarder les chemtrails épandus en direction du sud et la tempête calquant strictement son déplacement sur leurs traces, aussi sûrement qu'un aimant attirant le métal.

Quoi qu'il en soit, le silence doit cesser et les populations doivent exiger les réponses des militaires et des gouvernements, et pas du genre de celles qui sont servies aujourd'hui, comme la bien pratique « théorie du complot ». Sinon, à quelles catastrophes environnementales et de santé publique faut-il s'attendre ?

Expérience de l'U.S. Air Service de 1921, qui répand des produits chimiques à partir d'un avion pour créer un « rideau d'invisibilité » devant un bateau, ici l'USS *Tennessee*. Les produits sont tellement toxiques (tétrachlorure de titane, acide chlorhydrique...), qu'il est indispensable que les marins portent une protection complète.

Exemple de traînées d'avion en Provence, dans une zone où il n'y a pas d'aéroport et où, habituellement, ne passe pas d'avion.

Conclusion

Le temps des catastrophes

> *Is it gone for ever? I'm not certain.*
> *But I tell you it was a good world to live in.*[117]
> George Orwell
> *Coming Up For Air*

Une vérité qui dérange ?

Arrivé à ce stade, il est logique de vouloir savoir si certaines catastrophes « naturelles » le sont vraiment. Certes, le dogme actuel est que tout est dû à l'augmentation du CO_2 d'origine anthropique, que ce soit la violence des ouragans, les tempêtes de neige meurtrières, les inondations catastrophiques, les pluies diluviennes, la chaleur, le froid, la sécheresse...

Si l'on considère que le CO_2 est l'unique cause de tous les maux, alors rappelons que la seule armée des États-Unis consomme chaque jour environ 350 000 barils de pétrole, c'est-à-dire plus que des pays comme le Chili, la Suisse ou la Suède... Pourquoi les hérauts du réchauffement climatique n'en parlent jamais ? Pourtant, la pollution du ciel par les militaires est bien une réalité, mais elle ne fait jamais partie des débats et encore moins des conventions internationales, ainsi que nous l'avons déjà signalé.

Le CO_2 monopolise, pour ne pas dire « carbonise », tellement la scène médiatique que, pendant ce temps, les militaires sont tranquilles pour manipuler le climat comme ils l'entendent. Et s'il y avait une corrélation « scientifique » entre le silence absolu dont ils font l'objet et l'augmentation du nombre de catastrophes et de leur intensité ?

Citons de nouveau le Pr MacDonald dans *Unless Peace Comes*,[118] qui a le mérite d'avoir tout expliqué longtemps à l'avance :

> À mesure que la compétition économique entre nations avancées s'intensifie, un pays peut avoir avantage à préserver un environnement naturel paisible et à troubler celui de ses concurrents. Les

---

117. « A-t-il disparu pour toujours ? Je n'en suis pas sûr. Mais je vous assure que c'était un monde où il faisait bon vivre. »
118. *Opus* cité.

opérations produisant de tels résultats pourraient être menées clandestinement, puisque l'absence de règles dans la nature permet qu'on considère les tempêtes, les inondations, les sécheresses, les tremblements de terre et les raz-de-marée à la rigueur comme inhabituels, jamais comme inattendus. Cette « guerre secrète » n'aurait nul besoin d'être déclarée, ni même connue des populations qui la subiraient. Elle pourrait durer des années, et seules les forces de sécurité seraient au courant. Les années de sécheresse ou de tempête seraient mises sur le compte de la nature inclémente.

... « et du CO_2 », ajouterait sans doute aujourd'hui le Pr Gordon MacDonald.

Les militaires à l'œuvre ?

C'est d'ailleurs ce que nous a indiqué le Dr Rosalie Bertell lors d'un entretien à Toronto, après avoir évoqué l'électro-jet, les jet streams et les rivières de vapeur :

> Ce sont des forces planétaires très puissantes, qui peuvent être utilisées à des fins militaires. J'émets donc beaucoup de réserve par rapport au réchauffement climatique, car je ne peux distinguer entre ce que causent les militaires et ce qui est dû au CO_2 et aux autres polluants.

Alors, toutes les catastrophes naturelles le sont-elles vraiment ? Peut-on croire que les militaires disposent de l'arsenal résumé dans ce livre sans, au minimum, l'avoir testé ? C'est en effet là que réside, en partie, le problème : toute arme climatique ou environnementale ne peut être réellement expérimentée qu'en grandeur nature, avec les risques que cela entraîne pour ceux qui sont dessous...

Des catastrophes naturelles ?

Nous avons donc sélectionné, en fonction de leur diversité, quelques catastrophes climatiques « naturelles »[119] dont les caractéristiques ont paru étranges aux experts. Nous craignons fort de ne pas être exhaustifs dans cette présentation par ordre chronologique.

---

119. Pour les catastrophes environnementales « naturelles », se reporter au livre *L'Arme environnementale*, du même auteur, Talma Studios.

Lynmouth, 1952
Nous avons déjà présenté au Chapitre 3 ce qui s'est passé dans cette petite commune du Devon en 1952, sans doute l'une des toutes premières catastrophes climatiques « naturelles » causées par les militaires, et l'une des pires de l'Angleterre au siècle dernier. Voici une image du village dévasté :

(collection de l'auteur)

El Niño de 1983
Selon le livre *Coucou, c'est Tesla*[120] :

> Il existe des preuves manifestes que les bouleversements climatiques de l'année 1983 sont l'œuvre des Soviétiques, qui ont commencé à intervenir dans l'ionosphère en y projetant des ondes stationnaires. Les Soviétiques portent également la responsabilité du grand mouvement climatique de 1982/1983 que l'on appelle « El Niño ». [...]
>
> El Niño de 1983 est le résultat d'énormes ondes stationnaires émises par les Russes. Leurs propriétés permettent de verrouiller les mécanismes météorologiques en créant un bouchon, ce qui empêche les alizés de suivre leur trajectoire habituelle. [...]

---

120. *Coucou, c'est Tesla*, ouvrage collectif, Les Éditions Felix, 1997.

Les variations de climat provoquées par El Niño sont « sans précédent », selon le Dr Willett, professeur émérite de météorologie du Massachusetts Institute of Technology.

A. Wagner, météorologue du département d'analyse des climats du gouvernement à Washington, nous explique :

Le jet-stream a changé son cours dans la stratosphère, il s'est déplacé vers le nord et l'air froid qui vient du Canada et qui rafraîchit l'été américain est resté bloqué. Une masse gigantesque d'air chaud est resté en stagnation au-dessus du continent, elle est à l'origine de la vague de chaleur et de sécheresse de l'été 1983.

Au final, les auteurs du livre concluent que « El Niño de 1983 a été une des perturbations météorologiques les plus dévastatrices de notre histoire ». Rien que les pertes de récolte ont effectivement été évaluées à plus de dix milliards de dollars pour les États-Unis, auxquels il faut ajouter le coût de dégâts colossaux, d'autant plus qu'ainsi que le rapporte Wikipedia, « l'El Niño de 1982-1983 a produit des effets dramatiques sur les continents. En Équateur et dans le nord du Pérou environ 250 cm de pluie tombèrent pendant six mois. Plus vers l'ouest, les anomalies du vent ont dérouté les typhons de leurs routes habituelles, vers Hawaï ou Tahiti non préparées à de telles conditions météorologiques. »[121]

The Great Flood of 1993
Nous avons déjà mentionné cette catastrophe climatique dans le chapitre 6, qui s'est produite d'avril à octobre 1993 dans le Middle West, le long du Mississippi et du Missouri. Cette inondation est considérée comme la plus importante de toute l'histoire des États-Unis : des précipitations jusqu'à 1,20 m en cinq mois et de 400 à 750 % au-dessus de la normale, un bassin hydrographique de 830 000 km² affecté, 78 000 km² de terres inondées, trente-deux victimes recensées officiellement mais probablement une cinquantaine, environ 100 000 maisons détruites, entre quinze et vingt milliards de dollars de dommages, etc.

Rappelons toutefois qu'a eu lieu au même endroit la grande inondation de 1927 du Mississippi, aux caractéristiques assez comparables, dont

---

121. https://fr.wikipedia.org/wiki/El_Ni%C3%B1o

on ne peut soupçonner une cause autre que naturelle. Néanmoins, plusieurs experts considèrent que les ondes émises par la dizaine de stations Gwen de la région ont probablement amplifié la catastrophe de 1993, d'autant plus que des mesures de protection avaient été prises à la suite des terribles inondations de 1927 et 1951.

Ce sont toutefois les explications du Dr Rosalie Bertell, lors de l'entretien qu'elle nous a accordé,[122] qui sont les plus troublantes :

> Je me souviens avoir regardé une image satellite lorsque nous avons eu cette grande inondation du Mississippi. L'une des rivières de vapeur, celle qui se situe généralement au large de l'Atlantique, avait migré à l'intérieur des terres, juste au-dessus du Mississippi. Ces rivières peuvent changer de cours si vous créez de la pression en différents points. Et si vous les déplacez, vous pouvez changer le temps dans une zone donnée. Vous pouvez même déclencher la sécheresse ou, au contraire, de grandes inondations. En conséquence, ce genre d'événements qui ressemblent à des phénomènes naturels pourraient provenir de la manipulation des rivières de vapeur.

Le déluge de 1994

Les trombes d'eau qui inondent l'Alabama, la Géorgie et la Floride en juillet 1994 sont de « celles qui se produisent une fois tous les cinq cents ans » d'après le *New York Times* du 9 juillet 1994. Plusieurs habitants témoignent toutefois dans la presse qu'il n'y a jamais eu d'inondation dans la plupart de ces zones, et se demandent qui pouvait bien être là il y a cinq cents ans pour constater que cela s'est déjà produit ?

Le lendemain, le même journal ajoute que « les extrêmes climatiques sont de plus en plus souvent atteints sur la planète et les scientifiques sont bien incapables d'expliquer pourquoi ». On se le demande, effectivement. La faute au CO_2 ?

---

122. Entretien avec l'auteur en juin 2008.

L'ouragan Mitch – 1998

Du 26 octobre au 1er novembre 1998, l'Amérique centrale est dévastée par l'un des cyclones les plus meurtriers de son histoire : près de dix mille morts, autant de disparus, des dizaines de milliers de maisons rasées, environ 2,7 millions de sans-abri...

Voici ce que nous en a dit le Dr Rosalie Bertell :

« Je me souviens que lorsque se produisit Mitch, je venais d'apprendre qu'ils avaient effectué une triangulation entre les installations Haarp en Alaska, celles de Porto Rico et une autre dans l'Antarctique, et que l'impact tombait juste sur les Caraïbes. Je ne peux pas prouver que ce fut la cause de Mitch, mais je sais qu'ils l'ont expérimenté. »

La guerre de l'Otan en Serbie – 1999

Pendant cette effroyable campagne de bombardement de l'Otan contre la population, qui dure 78 jours d'affilée, de nombreux témoins[123] signalent des phénomènes météorologiques étranges, dont d'immenses nuages noirs. Ils semblent sortis de nulle part et restent stationnaires pendant quelques semaines, ce qui paraît totalement anormal.

Aucune pluie ne tombe de ces nuages mais parfois des grêlons aussi gros que des œufs, causant d'énormes dégâts. Il y a aussi des éclairs comme personne n'en a jamais vus et des coups de tonnerre des « centaines de fois » plus puissants que par le passé.

Il se produit même un violent séisme quelques jours avant la capitulation de Belgrade.

Ces phénomènes cessent à la fin des bombardements. La Serbie est ensuite confrontée à la pire sécheresse de son histoire, comme s'il n'y avait plus ni pluie ni neige pour elle. Étrangement, les pays voisins comme le Kosovo ou l'Albanie ne sont pas touchés.

Il est impossible évidemment de proposer quelque conclusion que ce soit, mais ajoutons que le 28 décembre 2000, des scientifiques observent la masse nuageuse se diviser en deux à l'approche de la Serbie et l'éviter, laissant un « trou » visible sur les images satellites.

Le phénomène se reproduit trois jours plus tard, le 31 décembre, et la pluie qui aurait dû arroser la Serbie, comme en temps normal, tombe seulement sur le Kosovo.

---

123. En voici un exemple : http://www.viewzone.com/serbiasky.html

L'explication proviendrait-elle du « trou » géant dans le champ électromagnétique constaté au-dessus de la Serbie et approximativement de la même taille que le pays ?

Si c'est le cas, il reste à en connaître la cause et l'origine, mais elles ne semblent pas très naturelles...

La Tragédie de Vargas (Venezuela, 1999)

Elle est le plus grand désastre naturel à s'être produit au Venezuela depuis le violent tremblement de terre de 1812, qui fit des milliers de morts, peut-être 15 000 selon certaines sources. Pendant les deux premières semaines de décembre 1999 dans cet État côtier au nord du pays, il tombe près de 1,80 m de pluie et presque un mètre en quelques jours, ce qui déclenche des inondations et des coulées de boue cataclysmiques les 15 et 16 décembre. Elles emportent tout sur leur passage et laissent entre 10 et 30 000 morts sur une population de l'ordre de 290 000 habitants, sans parler des blessés, des déplacés et des survivants qui perdent tout, car cette partie de la côte vénézuélienne devient un champ de ruine. Le 15 décembre 1999 est d'ailleurs connu au Venezuela comme « le jour où la montagne s'avança jusqu'à la mer ».

Cette catastrophe est-elle naturelle ? Comme pour tous les cas étudiés dans ce livre, il est évidemment impossible de prouver qu'elle est artificielle. Regardons néanmoins si des situations similaires ont déjà eu lieu au Venezuela. C'est le cas, avec de violentes précipitations et inondations enregistrées à plusieurs reprises, les plus significatives s'étant produites entre les 11 et 13 février 1798, où il tombe de fortes précipitations, mais seulement pendant deux jours et demi, ainsi que du 15 au 17 février 1951, où elles atteignent 0,53 m, également en deux jours et demi. Notons que ces deux événements ont lieu en février et durent moins de trois jours, tandis que la Tragédie de Vargas se passe en décembre et sur plus d'une dizaine de jours, ce qui ne prouve rien, mais 1798 et 1951 sont sans commune mesure avec 1999, tant dans leurs caractéristiques que leurs conséquences.

Si l'arme climatique a été utilisée, pourquoi contre le Venezuela ? Tournons-nous vers le contexte politique de l'époque : Hugo Chavez a été élu président de la République l'année précédente, le 6 décembre 1998. Or, il a fixé au 19 décembre un référendum modifiant la Constitution, qui comprend de nombreuses dispositions, dont l'augmentation du mandat présidentiel de cinq à six ans et la possibilité de se représenter sans attendre dix ans, comme le prévoit la Constitution alors en vigueur. Ce n'est évidemment pas une bonne nouvelle pour les ennemis d'Hugo Chavez, président d'un pays qui détient parmi les plus importantes ressources pétrolières au monde, entre autres richesses, et n'entend pas les laisser aux mains des multinationales, surtout celles du grand voisin du nord.

Provoquer une telle catastrophe pouvait donc constituer la dernière chance pour empêcher le référendum de se tenir le 19, voire d'en modifier le résultat, un tel drame ne plaidant pas en faveur du président. Il a néanmoins eu lieu et la nouvelle Constitution est approuvée par 72 % des votants, avec toutefois un taux d'abstention de l'ordre de 56 %.

Hugo Chavez présidera le pays jusqu'à son décès, le 5 mars 2013. Depuis la Tragédie de Vargas, il ne s'est pas produit d'autre catastrophe naturelle de cette ampleur au Venezuela, comme pendant les deux siècles précédents. Pourtant, ce pays si riche en ressources n'est pas épargné par les catastrophes d'un autre genre. Ceci explique peut-être cela.

Les tempêtes de 1999
Tandis que le Venezuela est endeuillé en ce terrible mois de décembre 1999, l'Europe du Nord aussi est frappée. En France tout particulièrement, ceux qui les ont vécues se souviennent encore de ces tempêtes qui ravagèrent le pays juste après Noël. Voici ce qu'écrit l'ancien militaire et chercheur, Mac Filterman, dans *Les Armes de l'ombre*[124] :

> Des vents violents de 400 km/h se seraient alors rabattus vers le sol. Ce phénomène est considéré comme très rare par les météorologues, mais il expliquerait la force et la vitesse de ces vents qui atteignaient 216 km/h au sommet de la tour Eiffel, c'est-à-dire la force d'un cyclone tropical. [...]

> De quoi s'agit-il alors ? À Météo-France, on est perplexe : depuis cinquante ans, c'est la première fois que l'on voit cela.

Et Marc Filterman de poursuivre, graphiques à l'appui :

> Je me suis posé des questions sur les caractéristiques très particulières de cette tempête. Et si Haarp ?...

---

124. *Opus* cité.

En étudiant les diagrammes du système (communiqués par le site Haarp), on constate des anomalies à partir de la fin de la journée du 18 décembre 1999, dont une brutale augmentation de la température de l'air, qui passe de pics maximum de -10° Farenheit à +50° en quatre jours.

Qu'est-ce qui peut provoquer de tels écarts ? Haarp ?

Autre anomalie : la pression barométrique semble stable et change aussi brutalement à partir du 20/12/1999 avec un pic le 25/12/1999. Comme sur le graphique précédent, on constate un trou dans le relevé à la date du 23/12/1999. Pourquoi ? Aucune explication n'est fournie.

Y a-t-il un lien de cause à effet direct entre les anomalies du système Haarp et ces tempêtes exceptionnelles ? La France et l'Europe doivent tout mettre en œuvre pour obtenir rapidement des réponses scientifiques de la part des Américains.

Nous savons ce qu'il en est advenu des intentions de l'Europe concernant Haarp et « des réponses scientifiques » à attendre des Américains...

Katrina – 2005

Tout le monde se souvient de cet ouragan qui a ravagé fin août 2005 la Louisiane et la Nouvelle-Orléans avant de terminer sa course au-dessus du Canada. Katrina a tué environ deux mille personnes et provoqué des dégâts considérables. La gestion calamiteuse de la catastrophe par les autorités états-uniennes a encore ajouté à la tragédie.

Un article du *Washington Post* du 29 avril 2007 révèle que sur les 854 millions $ de l'aide internationale offerte aux États-Unis, seulement quarante millions ont été dépensés pour les victimes et la reconstruction près de deux ans après la catastrophe. En revanche, la société de mercenaires Blackwater, devenue Xe en 2009 puis Academi en 2011 (« Blackwater » avait pourtant le mérite d'être clair...), a perçu plus de soixante-dix millions de dollars de la part de l'État pour assurer le maintien de l'ordre pendant la catastrophe, ce qui ne laisse pas d'étonner plus d'un observateur aujourd'hui encore. En effet, comment se peut-il que l'armée la plus puissante du monde n'ait pas été en mesure d'assurer cette mission ?

L'ouragan Katrina est-il naturel ? Non, d'après le météorologue américain Scott Stevens, repris par la chaîne de télévision Fox et de nombreux quotidiens et radios. Il affirme que l'ouragan a été dirigé sur les États-Unis à l'aide d'une arme secrète permettant de « modifier le climat », un générateur électromagnétique conçu par l'Union soviétique. Il ajoute que ce matériel a été vendu à plusieurs pays.

Sa démonstration du caractère artificiel de Katrina est toutefois assez ténue et les scientifiques n'ont d'ailleurs pas tardé à se déchaîner contre lui, ressortant, entre autres, le couplet de la théorie du complot.

Cela dit, s'il paraît difficile d'envisager qu'un ouragan d'une telle puissance puisse être créé ex nihilo, la possibilité de l'amplifier et d'en modifier le parcours ne fait plus guère de doute. N'est-ce pas ce qui a été testé au début des années soixante avec le projet Cirrus ? Et comment être surs que les recherches n'ont pas continué et que la technologie n'a pas évolué depuis ?

Scott Stevens fait aussi remarquer que lors de sa visite, George Bush a déclaré que la zone dévastée « donnait l'impression que tout le bord du golfe du Mexique avait été détruit par l'arme la plus terrible qu'il soit possible d'imaginer ».

Est-ce vraiment la plus terrible ? En matière climatique et environnementale au sens le plus large, la panoplie semble sans limite...

Rita, Katrina et Emily, 2005
S'il y a une institution que l'on ne peut soupçonner de conspirationnisme, c'est bien la Nasa. Pourtant, elle publie un article le 9 janvier 2006 sous la plume de Patrick L. Barry et du Dr Tony Phillips intitulé *Ouragans électriques – Trois des plus puissants ouragans de 2005 étaient chargés d'éclairs mystérieux.*[125] Le titre donne déjà le ton, la suite est étonnante :

> Le tonnerre et le craquement des éclairs signifient généralement une chose : une tempête arrive. Curieusement, toutefois, les plus grosses de toutes, à savoir les ouragans, sont notoirement dépourvues d'éclairs. Ils soufflent, pleuvent, inondent mais foudroient rarement.

---

125. *Electric Hurricanes – Three of the most powerful hurricanes of 2005 were filled with mysterious lightning*, Patrick L. Barry et Dr Tony Phillips, Nasa Science, 9 janvier 2006, http://science.nasa.gov/science-news/science-at-nasa/2006/09jan_electrichurricanes/

Surprise : pendant la saison record d'ouragans de 2005, trois des plus puissants – Rita, Katrina et Emily – produisent des éclairs, et même en grande quantité. Et les scientifiques aimeraient savoir pourquoi.

Richard Blakeslee du Global Hydrology and Climate Center (GHCC) à Huntsville, Alabama, a fait partie d'une équipe ayant exploré l'ouragan Emily avec l'avion ER-2 de la Nasa, une version pour la recherche du célèbre avion espion U-2. Volant haut au-dessus d'Emily, l'équipe a noté des éclairs fréquents dans le mur cylindrique de nuages entourant l'œil de l'ouragan. […] « quelques flashes par minutes », précise Blakeslee. Il ajoute : « Généralement, il n'y a pas beaucoup d'éclairs dans la région du mur de l'œil. Donc lorsque l'on en voit à cet endroit, on lève la tête et on se dit que quelque chose est en train de se passer. »

Effectivement, les champs électriques au-dessus d'Emily furent parmi les plus forts jamais mesurés par les capteurs de l'avion au-dessus de n'importe quelle autre tempête. « Nous avons observé des champs réguliers en excès de huit kilovolts par mètre. C'est énorme », continue Blakeslee. »

Les auteurs de l'article lui donnent de nouveau la parole :

Les ouragans sont le plus susceptible de produire des éclairs lorsqu'ils arrivent au-dessus de la terre. Mais il n'y a pas de montagne en dessous des « ouragans électriques » de 2005 – seulement de l'eau plate.

Le texte se poursuit ainsi :

Il est tentant de penser que, parce que Emily, Rita et Katrina étaient tous exceptionnellement puissants, leur violence pure explique quelque part les éclairs. Mais Blakeslee déclare que cette explication est trop simple : « D'autres tempêtes furent de même intensité et ne produisirent pas vraiment d'éclairs. Il doit y avoir quelque chose d'autre à l'œuvre. »

Haarp ? Pourquoi alors l'armée états-unienne menacerait-elle son propre pays ? Afin de poursuivre ses expériences pour le contrôle des ouragans ? Il est impossible d'affirmer quoi que ce soit. Signalons toutefois que le nord-ouest de l'océan Pacifique est le premier centre de cyclones tropicaux, avec environ 30 % du total mondial. Dans cette zone, ils affectent principalement la Chine, Taïwan, le Japon et les Philippines. Nous aurons remarqué que l'un des quatre pays n'est pas exactement un vassal des États-Unis... Alors, maîtriser ou amplifier, voire déclencher, des cyclones pourrait s'avérer une arme décisive dans cette zone potentiellement source de conflit planétaire.

Peut-on imaginer que les Russes, voire les Chinois, aient provoqué ces « mystérieux éclairs » constatés par la Nasa en « monitorant » avec leurs armes climatiques ces trois immenses ouragans de l'année 2005 ?

Autre hypothèse à ne pas écarter : tout est normal, malgré l'étonnement de ces scientifiques de la Nasa.

La fonte de la banquise

C'est la catastrophe annoncée quasi-emblématique des partisans du réchauffement climatique. En effet, selon la plupart des associations écologistes, la banquise au pôle Nord aura disparu en 2020[126] ou en 2030 si les émissions de CO_2 ne sont pas réduites drastiquement dans les plus brefs délais.

Bien que le déficit par rapport à la moyenne des années 1978-2007 ne soit pas comblé et que la glace de moins de deux ans soit plus fragile, il semble que le volume de la banquise arctique se reconstitue progressivement depuis 2007. Ainsi, son volume à l'été 2013 est supérieur à celui des années 2010 à 2012. En revanche, le National Snow and Ice Data Center (NSIDC) informe qu'en juillet 2015, la superficie est inférieure à celle de 2012, 2013 et 2014.

Quoi qu'il en soit, la fonte artificielle du pôle Nord est un sujet d'intérêt fort ancien. Nous avons déjà évoqué Jules Verne et son roman *Sans dessus dessous*, puis le projet de jetée pour détourner le Gulf Stream de l'ingénieur américain Caroll Livingston Riker en 1912, ainsi que l'audition de 1974 au sujet du programme Popeye, lorsque le sénateur Pell pose expressément la question aux militaires s'ils ont procédé à des expériences de modification du climat au pôle Nord.

Les Soviétiques s'y intéressent aussi très activement : la fonte des glaces provoquerait l'augmentation de la température de plusieurs degrés, donc un réchauffement de la Sibérie, qui pourrait alors être exploitée. Ainsi, c'est dès 1921 que Lénine décide d'envoyer au pôle

---

126. « 2020 » était bien le pronostic au moment de l'écriture du livre.

Nord une équipe de scientifiques pour étudier différentes options, dont la construction d'un pont-barrage dans le détroit de Béring, entre l'Alaska et la Sibérie.

Après sa mort, les scientifiques russes continuent de proposer des idées. C'est une question vitale, car l'URSS est frappée au moins à deux reprises par des famines meurtrières, en 1932-33 (de cinq à dix millions de morts, selon les sources) et en 1946-47 (entre un et un million et demi de victimes). Par suite, Staline annonce en 1948 son « Grand plan pour la transformation de la Nature ». Il y est essentiellement question de reforestation, mais l'amélioration du climat au nord n'est pas oubliée.

L'un des projets les plus fous date d'ailleurs des années 50, lorsque l'ingénieur Pyotr Borisov propose de construire un barrage dans le détroit de Béring à travers lequel seraient pompés cinq cents kilomètres cubes d'eau par jour (182 000 km^3 par an) entre la mer des Tchouktches (océan Arctique) et la mer de Béring (océan Pacifique). L'objectif consiste à réchauffer l'océan Arctique pour faire fondre la glace. Ce projet pharaonique n'a pas été mis en œuvre.

En 1972, la Russie et les États-Unis collaborent à l'étude du climat de la mer de Béring. L'année suivante, rejoints par le Canada, ils créent le projet Polex (Polar Experiment of the Global Atmospheric Research), dont le but est d'analyser les évolutions de la glace et leurs répercussions sur le climat. L'objectif à terme est de pouvoir modifier le climat de l'Arctique.

L'intérêt est multiple : la fonte de la glace provoquerait le réchauffement de la région, ce qui permettrait la mise en culture de vastes zones inhospitalières, de rendre navigable l'océan Arctique, en réduisant de plus de dix jours le trajet entre l'Europe et l'Asie par rapport au passage par le canal de Suez...

Un autre intérêt majeur de la fonte des glaces serait la possibilité d'exploiter de gigantesques ressources naturelles. Selon l'U.S. Geological Survey, l'Arctique recèlerait 90 milliards de barils de pétrole et 30 % des réserves de gaz supposées de la Terre ! De quoi aiguiser l'appétit des cinq pays – États-Unis, Russie, Canada, Norvège et Danemark (Groenland) – qui en revendiquent l'exploitation.

D'ailleurs, sous la plume de Piotr Moszynski, RFI publie sur son site le 29 avril 2010 un article commençant ainsi :

Un pas important a été fait pour résoudre les conflits qui opposent les cinq pays frontaliers de l'Arctique, supposée riche en hydrocarbures. La Norvège et la Russie ont signé un accord mettant fin à un différend sur une zone qu'elles se disputent depuis quarante ans.

Le journaliste poursuit :

La donne a changé avec l'apparition de deux nouveaux facteurs : le réchauffement climatique et le progrès technologique. Le recul graduel de la banquise, associé aux nouvelles méthodes et aux nouveaux outils de recherche et de forage, permet d'envisager tout à fait raisonnablement une exploitation de plus en plus intense des richesses cachées sous le sol arctique.

Certes, encore et toujours le réchauffement climatique, mais compte tenu des enjeux colossaux, ne peut-on penser qu'un coup de pouce de type Haarp et/ou de son équivalent russe (voire européen ?) puisse aider à l'accélération du processus ?

Et l'Antarctique ?
Le site du magazine *L'Express* publie un article le 26 mars 2008 expliquant ce qui suit. Nous avons conservé cette information un peu ancienne, car les images confidentielles que nous avons reçues montrent tout autre chose :

« Un énorme pan de la banquise antarctique a commencé à s'effondrer dans une partie du continent soumise à un rapide réchauffement climatique », ont déclaré des scientifiques. [...] « Bloc par bloc, la glace dégringole et s'émiette dans l'océan », a déclaré l'un des chercheurs, Ted Scambos, interrogé par téléphone. « Le plateau Wilkins n'est pas seulement en train de se fissurer avec quelques morceaux qui se détachent, mais il se disloque complètement. On ne voit pas très souvent ce genre de phénomène. [...] Un pan exposé sur l'océan se désintègre d'une façon que nous avons observée en quelques endroits ces dix ou quinze dernières années. À chaque fois, nous avons fini par conclure que c'était une conséquence du réchauffement climatique », a ajouté Ted Scambos.

Les images satellite montrent que l'effondrement a commencé le 28 février quand un gros iceberg mesurant 41 km par 2,4 km s'est détaché d'un bord sud-ouest du plateau, entraînant d'autres morceaux. Ted Scambos a déclaré que ce plateau était supposé exister depuis plusieurs centaines d'années, mais que l'air chaud et les vagues de l'océan provoquaient sa dislocation. Au cours du dernier demi-siècle, la péninsule antarctique a connu le plus rapide réchauffement climatique de la planète.

« Le réchauffement en cours sur la péninsule est **clairement**[127] lié à l'augmentation des émissions de gaz à effet de serre et au changement qui se produit dans la circulation atmosphérique autour de l'Antarctique », a ajouté le scientifique.

Bien qu'il soit un glaciologue réputé travaillant pour le National Snow and Ice Data Center aux États-Unis, les conclusions de Ted Scambos semblent particulièrement tranchées quant aux causes du phénomène.

C'est même surprenant qu'il puisse lier si rapidement le réchauffement climatique causé par l'effet de serre et la fonte du plateau Wilkins, puisqu'il a été sélectionné pour participer à une mission avec une quinzaine d'autres scientifiques de six disciplines différentes, censée débuter en février 2008 pour « étudier les effets rapides du réchauffement climatique se produisant actuellement dans la péninsule antarctique ».

Certes, l'intitulé de la mission donne déjà la réponse sur les causes, mais comment peut-il émettre des conclusions aussi définitives dès le mois de mars alors que cette mission collective a commencé à peine quelques semaines plus tôt ? Ted Scambos témoigne-t-il en l'occurrence d'une attitude indiscutablement scientifique ? Le lecteur sera-t-il d'ailleurs surpris d'apprendre que ce chercheur est membre du Giec et a contribué au rapport 2007 de cette noble institution peu avant d'être sélectionné pour cette mission au plateau Wilkins ?

Même sa déclaration qu'« au cours du dernier demi-siècle, la péninsule antarctique a connu le plus rapide réchauffement climatique de la planète » est sérieusement remise en cause par d'autres scientifiques et des données pourtant sans ambiguïté.

Ainsi, Fred Goldberg, expert suédois des pôles au sein de l'Institut royal de technologie de Stockholm, projette plusieurs dizaines de graphiques lors de la Seconde conférence internationale sur le changement climatique à New York en mars 2009, dont cette courbe des températures sur les cinquante dernières années prouvant qu'il n'y a pas de réchauffement climatique à la station Amundsen-Scott au

---

127. Souligné par nous.

pôle Sud, que ce soit l'hiver, l'été ou en moyenne. Les températures sont même plutôt stables « au cours du dernier demi-siècle » :

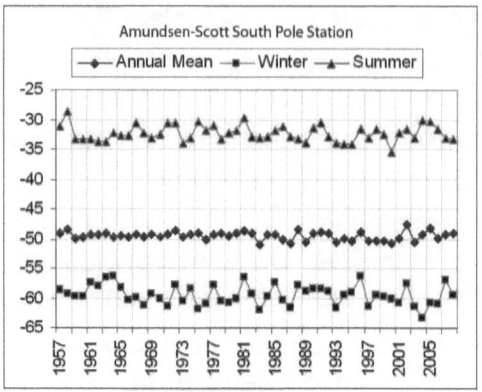

Ensuite, puisqu'il est question du plateau Wilkins dans l'article de *L'Express*, il se trouve que nous a été envoyée une séquence d'une minute filmée d'hélicoptère au-dessus de cette vaste banquise de 13 000 km² située au sud-ouest de la péninsule antarctique, en mars 2008, donc précisément pendant la mission de Ted Scambos et de ses collègues.

Qu'y voit-on ? De gigantesques blocs de glace parfaitement découpés, comme au laser, ainsi qu'en témoignent ces trois photos malheureusement moins significatives compte tenu de la faible résolution que la vidéo dont elles sont extraites.

Difficile de croire que le CO_2 et le réchauffement climatique, sans même parler de la Nature en général, sont capables de tailler au cordeau et à perte de vue des blocs aussi gigantesques...

Des technologies de type Haarp nous semblent des causes plus plausibles et sérieuses que « l'air chaud et les vagues de l'océan », selon les douces explications du scientifique Ted Scambos à *L'Express*.

D'ailleurs, faut-il rappeler que l'Union européenne exprimait son inquiétude dans le *Rapport Theorin* de 1999 du fait que « Haarp peut bouleverser les conditions climatiques. Tout l'écosystème peut être menacé, en particulier dans l'Antarctique où il est fragile. » ?

De la neige en été
Voici un extrait d'une correspondance avec le Dr Rosalie Bertell :

> Le 19 septembre 2010, l'U.S. Navy a effectué un tir de fusée de sa base en Virginie pour créer des nuages artificiels d'oxyde d'aluminium à environ 800 kilomètres au-dessus de la côte Est des États-Unis. Les nuages naturels les plus élevés se situent autour de 80 km. L'ombre nuageuse gigantesque a ainsi généré une neige précoce sur la côte Est. […] Le plan original prévoyait aussi un test au-dessus de Singapour. L'U.S. Naval Reserve a retiré de son site les informations sur ce projet lorsque j'ai commencé à en parler. Qui sait ce qu'ils peuvent bien manigancer d'autre ?

C'est bien là la question… Elle nous renvoie à toutes les expériences de géoingénierie actuellement à l'étude ou en cours. De quoi s'agit-il ? En résumé, de modifier artificiellement les conditions physiques de la planète pour lutter contre le réchauffement climatique. Là encore, les scientifiques ne manquent pas d'imagination. L'un des projets les plus discutables fut celui du Pr Paul J. Krutzen, prix Nobel de chimie en 1995, qui proposa de répandre de l'acide sulfurique dans les hautes couches de l'atmosphère pour renvoyer le rayonnement solaire d'où il vient. Joint par téléphone, il nous a indiqué renoncer à cette voie. Mais ce n'est pas le cas de tous les scientifiques, notamment parmi les « meilleurs experts » du Giec, qui continuent d'avancer leurs pions dans cette direction.

Ce qui se trame actuellement en matière de géoingénierie civil est plutôt inquiétant. Ainsi, John Holdren, le conseiller scientifique de la Maison Blanche, déclarait lors d'une conférence de presse dès avril 2009 : « Le réchauffement climatique est si terrible que l'administration Obama débat actuellement au sujet de technologies radicales pour refroidir l'air de la Terre. »

Même si son successeur à la Présidence a exprimé ses réserves les plus vives quant au réchauffement climatique et a rejeté l'Accord de Paris sur le climat, cette notion de « technologies radicales » en matière d'environnement n'est pas faite pour nous rassurer. Nous ne sommes d'ailleurs pas les seuls puisque s'est tenue à Nagoya en 2010 une conférence des Nations Unies où les 193 pays membres devaient se mettre d'accord sur un moratoire interdisant la géoingénierie. Sans surprise, il ressembla à une convention à la Enmod. Cela permet aujourd'hui à des intérêts privés comme la fondation Bill et Melinda Gates de financer, à côté des forces armées, des recherches voire des opérations de géoingénierie, dont on ne peut pas réellement mesurer les conséquences à court, moyen et long terme, même à l'état d'essai.

De toute façon, quels que soient les accords internationaux, il n'y a aucune chance que les militaires états-uniens et leurs homologues des autres pays renoncent à la manipulation du climat.

Alors, même si l'on nous explique que c'est uniquement à des fins civiles, que c'est pour lutter contre le réchauffement climatique, la sécheresse, etc., il n'en demeure pas moins que ces technologies restent d'abord entre les mains des militaires, car ce sont eux principalement qui les financent, les développent et les utilisent. Pouvons-nous ne leur attribuer que des intentions pacifiques ?

L'homme au cœur de l'environnement

Certes, il serait évidemment faux de conclure que toute catastrophe climatique naturelle est artificielle, mais il est tout aussi faux d'affirmer qu'aucune n'est artificielle ou, au minimum, amplifiée artificiellement. En effet, s'il y a une certitude, c'est bien qu'existent depuis de nombreuses années les moyens technologiques de les amplifier, voire de les générer. Et nous l'avons vu au cours des décennies traversées dans ces pages, les militaires n'ont pas hésité à de multiples reprises à mettre en danger les populations qu'ils sont censés protéger. D'ailleurs, ceux qui croient qu'armée = sécurité devraient y réfléchir à deux fois. Il n'y a qu'à lire ces propos d'un expert pour s'en convaincre :

> Il serait ainsi possible de mettre en place un système dont le résultat serait la perturbation de l'activité cérébrale de populations entières, dans une région donnée, et pour une période étendue.

> J'admets que le projet que je développe ici est quelque peu extravagant. Je m'en suis servi pour indiquer les rapports assez subtils

qui existent entre les variations des conditions du milieu humain, et le comportement de l'homme. Une perturbation du milieu peut créer des changements dans le mode de comportement. Comme notre connaissance des manipulations, tant du comportement que du milieu, est encore rudimentaire, les systèmes de modification du comportement nous paraissent des vues de l'esprit. Mais quelle que soit l'inquiétude que cause à certains l'idée d'utiliser le milieu pour manipuler le comportement humain dans une perspective d'intérêt national, il n'en est pas moins probable que la technologie en question fera de grands progrès au cours des prochaines décennies.

Cet expert est, sans surprise, le Pr MacDonald, dont le texte date de 1968.[128] Nul doute que, depuis, les moyens de manipulation ont fait « de grands progrès », y compris en matière de comportement humain. Mais c'est une autre histoire.

---

128. Pr Gordon J.F. MacDonald, *Comment détraquer la Nature*, in *Les Armements modernes*, Nigel Calder, Flammarion, 1970.

Haarp en 2025 selon Google Earth

Bien que le programme ait été officiellement arrêté, voici des images satellitaires du site :

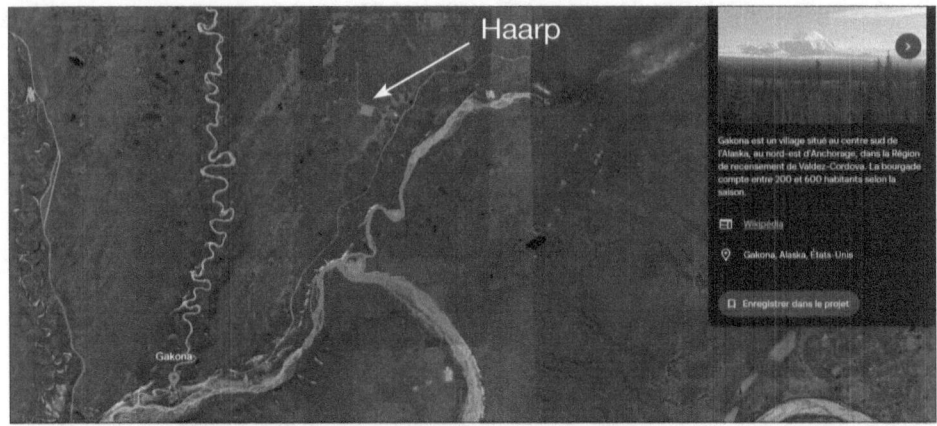

Haarp et son champ d'antennes

On distingue clairement les 180 antennes, alignées en 12 rangées de 15

Postface

> I do know not with what weapons World War III
> will be fought, but World War IV
> will be fought with sticks and stones.[129]
> Albert Einstein

Le lecteur l'aura compris, l'égalité « Augmentation du CO_2 = Réchauffement climatique » nous paraît mensongère, en tout cas ignore, d'une part, les actions des militaires, et, d'autre part, la complexité de la Terre, jusqu'aux interactions au sein du système solaire.

Ainsi, un article étrange est publié le 6 décembre 2010 sur le site www.pakalertpress.com à partir d'informations mises en ligne par WikiLeaks dans la série *The Global Intelligence Files*, c'est-à-dire plus de cinq millions d'emails émis par les membres de la société Stratfor, fournisseur majeur de « global intelligence » aux acteurs de la Défense nationale aux États-Unis, c'est-à-dire le gouvernement, les agences fédérales et les multinationales de l'armement. Le site de *La Pravda* en fait aussi état, le 8 décembre.[130]

De quoi s'agit-il ? L'amiral Nicolaï Maksimov, commandant en chef de la flotte du Nord russe, aurait

> rédigé un rapport bizarre à l'attention du premier Ministre Vladimir Poutine sur le fait qu'un mystérieux vortex magnétique centré sur le golfe d'Aden a « défié » tous les efforts combinés de la Russie, des États-Unis et de la Chine pour le fermer, ou même pour établir son origine exacte ou sa cause. […] Selon ce rapport, des scientifiques américains remarquèrent la formation de ce vortex à la fin de l'année 2000. […]

> Après être resté relativement stable depuis sa découverte en novembre 2000, le vortex du golfe d'Aden a commencé à croître à la fin de 2008, poussant les États-Unis à émettre au sujet de ce phénomène mystérieux une alerte « extraordinaire » à l'attention du

---

129. « Je ne sais pas avec quelles armes sera menée la troisième guerre mondiale, mais la quatrième le sera avec des bâtons et des pierres. »
130. http://english.pravda.ru/opinion/columnists/08-12-2010/116116-gulf_aden_vortex-0/

monde entier, et, en réponse, les pays suivants ont dépêché sur place leurs forces navales : l'Allemagne, l'Arabie saoudite, l'Australie, la Belgique, la Bulgarie, le Canada, la Chine, la Corée du Sud, le Danemark, l'Espagne, les États-Unis, la France, la Grèce, l'Inde, l'Iran, l'Italie, le Japon, la Malaisie, le Pakistan, les Pays-Bas, le Portugal, le Royaume-Uni, la Russie, Singapour, la Suède et la Thaïlande.

Utilisant le prétexte que ces forces navales étaient nécessaires pour protéger le golfe d'Aden des pirates somaliens [qui ne sont en fait que des jeunes légèrement armés à la recherche de nourriture depuis que ce vortex a détruit leur zone de pêche], l'amiral Maksimov souligne dans son rapport qu'il s'agit du plus formidable rassemblement de flotte dans l'histoire de l'humanité. [...]

Le rapport poursuit sur le fait qu'au début du mois dernier [NdA : novembre 2010], le vortex entama une extraordinaire série d'expansions qui, pour la première fois depuis sa découverte, furent précédées par une activité sismique. Il est important de noter que les quarante à soixante tremblements de terre qui se produisirent le mois dernier dans le golfe d'Aden sont aussi les premiers à être enregistrés dans cette région dans toute l'histoire moderne.

Effectivement, nous l'avons vérifié par ailleurs, il y a bien eu cette activité sismique anormale pour la région, dont plus de trente secousses pour la seule journée du 14 novembre. Ces tremblements de terre se situaient entre 4,5 et 5,4 sur l'échelle de Richter et, selon le rapport, « sont « étrangement » liés en terme de timing à la « réapparition » mystérieuse d'une bande dans la région tropicale sud de la planète Jupiter, qui avait « disparu » depuis mai dernier ».

Vérification faite auprès d'autres sources, notamment sur le site de la Nasa,[131] cette bande a effectivement disparu des observations de mai à novembre, à la grande surprise des scientifiques. Signalons, d'ailleurs, que l'atmosphère de Jupiter présente des vortex, dont le GRS (Great Red Spot), situé dans l'hémisphère sud et considéré comme le plus grand vortex du système solaire. À titre de comparaison, il pourrait contenir deux à trois fois la Terre, c'est dire son gigantisme.

---

131. https://www.nasa.gov/topics/solarsystem/features/jupiter20101124.html

Le texte publié par WikiLeaks se poursuit ainsi :

> Connaître la vérité qui se cache derrière ce mystérieux vortex du golfe d'Aden étant hors de notre portée, nous ne pouvons que souligner l'alerte donnée par l'amiral Maksimov dans son rapport, à savoir que depuis que ces tremblements de terre ont commencé, le jet stream de l'hémisphère nord de notre planète s'est « pratiquement effondré », plongeant de grandes régions du monde dans le chaos climatique, comme nous pouvons le lire : en Grande-Bretagne, aujourd'hui,[132] leur vaste système de transport a dû s'arrêter à cause de la neige et du froid sans précédent, comme en Allemagne où s'est aussi produit le chaos dans les transports à la suite d'amas de neige et d'un froid anormaux. La Suède rapporte les températures les plus froides qu'elle a jamais subies en 101 ans, tandis que la Chine se rue au secours de milliers de bergers pris au piège par les pires chutes de neige depuis trente ans, et annonce la mort de plus de 70 000 têtes de bétail à cause de la neige et du froid.
>
> Les États-Unis ont enregistré les systèmes de tempête les plus massifs de leur histoire, qui, depuis quelques jours, ont couvert presque toute la masse continentale avec des quantités de pluie sans précédent.

Le courriel relate ensuite ceci :

> À la plus grande crainte des États-Unis et d'autres nations du monde, le rapport de l'amiral Maksimov conjecture que si le public avait connaissance de ce mystérieux vortex du golfe d'Aden à cause d'un site nommé WikiLeaks ayant en sa possession presque tous les câbles diplomatiques secrets sur ce sujet, qu'il menace de dévoiler, cela sèmerait « sans aucun doute » la panique à travers tout le Globe.

Le mail se termine en expliquant que les poursuites engagées contre son fondateur, Julian Assange, en vue de « sa capture immédiate » le furent pour l'empêcher de publier ce dossier avec tous les câbles diplomatiques secrets en sa possession.

---

132. Ce mail publié par WikiLeaks date du 7 décembre 2010. Il est intitulé : « *Huh? Mysterious 'Vortex' Warned Is Creating Global Weather Catastrophe* ».

Nous ne savons pas si le mystérieux vortex du golfe d'Aden est la véritable cause de la chasse à l'homme, pour ne pas dire « la mise à mort » inhumaine, déclenchée contre lui par les « démocraties » occidentales, mais nous n'avons pas trouvé trace de ces câbles sur WikiLeaks. Existent-ils ?

Véridique ou non, que faut-il penser de ce phénomène ? Rien à ce stade, car il est impossible de valider l'information dans quelque direction que ce soit, à part l'anormalité des séismes enregistrés dans le golfe d'Aden. En revanche, elle démontre, une fois de plus, que les affaires climatiques et environnementales sont quasi-exclusivement du seul ressort des forces armées. Comme si les militaires s'étaient appropriés la planète. Qui en doute encore ?

Annexe
Les civils aussi...

Voici deux autres photos de Charles Mallory Hatfield :

Charles M. Hatfield
dans le Wisconsin
(coll. de l'auteur)

Avec son frère,
en Californie,
en 1924
(coll. de l'auteur)

Nous l'avons indiqué dans l'introduction, des milliers voire des dizaines de milliers d'expériences et d'opérations civiles de modification du climat ont (eu) lieu un peu partout dans le monde depuis les années 50, et cela continue. Voici quelques documents photographiques anciens les illustrant.

« Visite du réservoir Ashokan
Deux ingénieurs de New York City et le consultant de la ville en rainmaking, le Dr Wallace E. Howell, se tiennent sur un barrage de rétention dans la zone du réservoir Ashokan, le 18 mars, tandis qu'ils effectuent un tour pour choisir le quartier général du docteur afin qu'il puisse conduire ses expériences de rainmaking, dont il est espéré qu'elles résoudront la situation critique de pénurie d'eau à New York. À partir de la gauche : Fred Stein, ingénieur municipal ; le Dr Howell, et John Aalto, ingénieur municipal.
Associated Press – 18 mars 1950. »
(coll. de l'auteur)

« Briefing des pilotes de la police
Le Dr Wallace E. Howell, météorologiste d'Harvard (le second à partir de la droite), montre sur une carte à Floyd Bennett Field, Brooklyn, N. Y., le 20 mars, la zone générale d'opération autour de New York, tandis qu'il briefe les pilotes de la division aérienne municipale sur les processus d'ensemencement des nuages. À droite se tient le Capitaine Gustav Crawford, chef de la division aérienne du département de la police. Le Dr Howell a été engagé par la municipalité pour un projet de raimaking à 50 000 dollars.
Associated Press – 20 mars 1950. »
(coll. de l'auteur)

Cette histoire est d'ailleurs intéressante à plus d'un titre. La presse américaine de l'époque nous apprend que le Dr Wallace Howell, embauché par la ville de New York pendant la pénurie d'eau de 1950-51, conduisit trente-six opérations d'ensemencement sur trente-et-une semaines. Il fut alors calculé que les pluies furent de 14 % supérieures aux environs qui n'avaient pas été ensemencés. Ce chiffre correspondrait à environ 60 milliards de litres d'eau supplémentaires, soit presque deux semaines de consommation.

Le Dr Wallace Howell ne put tirer parti de son succès, car la ville de New York, pourtant satisfaite du résultat, dut faire face dès 1951 à 169 procès représentant deux millions de dollars de dommages de la part de riverains s'estimant victimes de ces activités de rainmaking.

Le conseil municipal nomma alors une commission d'enquête afin de démontrer que ces ensemencements n'avaient eu aucun effet. Au final, la ville de New York ne fut pas condamnée par la justice, mais elle reçut l'injonction permanente de stopper définitivement ces opérations.

« Rainmaker
À la suite des succès obtenus en matière de rainmaking
aux États-Unis, des tests similaires sont conduits au Japon.
Une batterie de canons à rainmaking est montrée en fonctionnement
à la station expérimentale du lac Tachiro de la Tokyo Electric Power
Company. La chaleur infernale dégagée, brûlant la surface du lac, est
supposée créer suffisamment de vapeur d'eau pour faire pleuvoir les
nuages de basse altitude.
Crédit Wide World Photo – 21 décembre 1954. »
(coll. de l'auteur)

Méthodes expérimentales scientifiques et ancestrales cohabitent encore dans les années 50. En voici un exemple :

« Indianapolis – 27 juillet 1957 : le rainmaker indien Shawnee George « Mustang » Richey tente d'écrire l'histoire du rainmaking en étant le premier homme à déclencher la pluie à longue distance. Richey, qui déclare qu'« il a toujours eu le talent » et « a aidé à éteindre de nombreux feux de forêt », a entendu que l'Est a besoin de pluie dans les quatre jours pour éviter une perte de récolte évaluée au moins à 75 millions de dollars. Ignorant les ingrédients modernes telle que l'iodure d'argent, Richey utilise la fourrure brûlée d'un lapin et l'écorce intérieure d'un saule rouge lorsqu'il demande l'aide de « Gitchi Manado », le Grand Esprit.
United Press. »
(coll. de l'auteur)

Malheureusement, ni la légende de la photo ni nos recherches infructueuses dans la presse aux États-Unis sur cette tentative ne permettent de savoir si la « fourrure brûlée d'un lapin » sauva les récoltes.

La rainmaker du Mississippi

Jusqu'à présent, nous n'avons rencontré que des rainmakers et pas de « rainmakeuse ». Il existe toutefois Lillie Stoate (1871-1946), qui vivait à Oxford, dans l'État du Mississippi et devint notamment célèbre pour la pluie qu'elle fit en Floride en 1939. Tout commence par une étrange lettre qu'elle écrit le 1er juillet 1918 au président du Board du journal Oxford Eagle. Elle explique d'abord qu'il pleuvait toujours dans les heures après que son frère avait commencé à pêcher (il est mort à 50 ans). Elle relate ensuite qu'elle a elle-même essayé à plusieurs reprises depuis 1916, et qu'il a plu à chaque fois, pourtant en plein mois de juillet et en période de sécheresse.

Elle termine ainsi son courrier : « Je sais que cela peut paraître insensé, mais cela n'a pas d'importance si nous pouvons obtenir de la pluie par ce moyen lorsque c'est nécessaire. Elle est causée, je crois, par magnétisme. »

Elle va connaître le succès, notamment en Floride en 1939 (cf. page suivante). Elle ne fait toutefois pas que des heureux, car un article du Valley Morning Star (Harlingen, Texas) du 4 janvier 1940 nous apprend qu'un rainmaker local s'oppose à sa venue. Il déclare même qu'elle « ne viendra jamais ici » et qu'il fera tout, y compris par voie d'injonction judiciaire, pour empêcher l'association qui l'a invitée « d'introduire un talent de l'extérieur ».

> **THE OXFORD EAGLE,**
>
> **OXFORD LADY WRITES THE BOARD OF SUPERVISORS.**
>
> Oxford, Mississippi,
> Route 1, Box 89.
> July 1, 1918.
>
> To the President of the Board of Supervisors.
>
> Dear Sir:
>
> I had a brother and every time he fished it would rain within a few hours after he begun fishing. He lived to be fifty years old and have known of him fishing many times and never saw it fail to rain. He was sensitive about it for a long time, and would go only when he wanted to, but the last few years he lived he fished a good many times just to make it rain.
>
> In July 1916 I went to Memphis near the river, and stayed three days. It was very dry and no sign of rain when I started but it rained the next day after I got there and kept raining until I came home. In July 1917 I went to Arkansas just across the river from Memphis and right near a large lake. The weather was very dry then and no sign of rain, but it rained the next day and kept on until I left. I stayed three days. Last Monday I went out to the Quick Mill Pond and fished all day. It rained Tuesday. Went just to see if it would rain. I intend, from now on, to go near some body of water every time we have a drought and would like to get the Board of Supervisors to watch it. Am going to test it thoroughly.
>
> I know it sounds foolish but that does not matter if we can get rain by it when needed. It is caused, I believe, by magnetism. Hoping that you will see this in the same light that I do, I remain,
>
> Yours very truly,
> MISS LILLIE STOATE.

« Saluée comme un faiseur de pluie

Frostproof, Fla... Miss Lillie Stoate, parapluie à la main, est photographiée avec le président John Maxcy de la Commission des agrumes de Floride, au lac Reedy, à Frostproof, en Floride, où elle s'est assise au bord du lac quelques heures par jour, a contemplé les nuages et a demandé à Jupe Pluvius d'envoyer des averses pour briser la sécheresse. Le vieux Jupe a répondu à l'appel et les "pouvoirs" de Miss Stoate en tant que faiseuse de pluie font parler dans la région des agrumes. Des producteurs l'ont invitée à quitter son domicile d'Oxford, dans le Mississippi, pour venir en Floride après avoir entendu parler de ses talents de faiseuse de pluie. La pluie qui a accompagné la visite de Mlle Stoate au bord du lac a mis fin à une sécheresse de cinq mois qui faisait flétrir orangers et pamplemoussiers. » (29 mars 1939)

(coll. de l'auteur)

Même lorsqu'elles ne sont pas rainmaker, cela n'empêche pas les femmes d'utiliser les techniques modernes lorsque le besoin s'en fait sentir, comme ici au Swaziland dès 1964.

« Transformer la grêle en bouillie

Mme Ronnie Black prépare le lancement de roquettes antigrêle supersoniques au Swaziland en Afrique du Sud. Son mari né britannique a contribué à introduire cet arsenal en 1960 après que sa prospère plantation d'ananas fut hachée par une tempête de grêle en à peine trois minutes. Désormais, des lanceurs de roquettes sont toujours prêts et une surveillance 24 h/24 est assurée dès que les indications barométriques prévoient des conditions de grêle.

"C'est comme faire des trous dans les nuages", explique Black. "Le but consiste à transformer les grêlons en une bouillie molle." 26 mars 1964. »

(coll. de l'auteur)

Bibliographie

(classement par date de parution)

– *La Guerre du Péloponnèse*, Thucydide, Folio Classique.

– *Histoire naturelle*, Pline l'Ancien.

– *Vies parallèles*, Plutarque.

– *La vie de Benvenuto Cellini écrite par lui-même*, Benvenuto Cellini, Julliard.

– *Philosophy of Storms*, James Pollard Espy, 1841. –

– *Man And Nature*, George Perkins Marsh, 1864.

– *War and The Weather, or The Artificial Production of Rain*, Edward Powers, 1871.

– *Rain produced at Will*, Louis Gathmann, Chicago, 1891.

– *Power And Control of the Gulf Stream*, Caroll Livingston Riker, Baker & Taylor, 1912.

– *Rain Making and Other Weather Vagaries*, William J. Humphreys, The Williams & Wilkins Company, 1926.

– *Man's Role in Changing the Face of the Earth* (vol. 1 et 2), William L. Thomas Jr., The University of Chicago Press, 1956.

– *Final Report of the Advisory Committee on Weather Control*, University Press of the Pacific, 1958.

– *Man Versus Climate*, N. Rusin, L. Flit, Peace Publishers Moscow, 1962.

– *Japanese Rainmaking and Other Folk Practices*, Geoffrey Bownas, George Allen & Unwin Ltd, 1963.

– *Toward The Year 2018*, Foreign Policy Association, Cowles Education Corporation, 1968.

– *The Weather Changers*, Daniel S. Halacy Jr, Harper & Row, 1968.

– *Unless Peace Comes*, Nigel Calder, The Penguin Press, 1968. *Les Armements modernes*, Flammarion, 1970, pour l'édition française.

– *Weather Modification – Science and Public Policy*, Robert G. Fleagle, University of Washington Press, 1969.

– *The Journal of San Diego History*, Winter 1970.

– *Clouds of the World: A Complete Color Encyclopedia*, Richard Scorer, Stackpole Books, novembre 1972.

– *Weather and Climate Modification*, Wilmot N. Hess, John Wiley & Sons, 1974.

– *Clouds, Rain & Rainmaking*, Basil J. Mason, Cambridge University Press, 1975.

– *Prohibition of weather modification as a weapon of war: Hearing before the Subcommittee on International Organizations of the Committee on International ... first session, H. Res. 28 ... July 29, 1975*

– *The Cooling*, Lowell Ponte, Prentice-Hall Inc., 1976.

– *Rain Dance to Research*, John A. Donnan & Marcia Donnan, David McKay Company, 1977.

– *The Weather Weapon*, Narasimhiah Seshagiri, New Delhi, National Book Trust, 1977.

– *The Rainmakers*, Clark C. Spence, The University of Nebraska Press, 1980.

– *America's Weather Warriors, 1814-1985*, Charles C. Bates et John F. Fuller, Texas A&M University Press, 1986.

– *Angels Don't Play This Haarp*, Jeane Manning et Nick Begich, Earthpulse Press, 1995. *Les Anges ne jouent pas de cette Haarp*, éd. Louise Courteau pour l'édition française.

– *Coucou, c'est Tesla – L'énergie libre*, collectif d'auteur, éd. Félix, 1997.

– *Planet Earth – The Latest Weapon of War*, Rosalie Bertell, The Women's Press Ltd, 2000.

– *Les Armes de l'ombre* (3ᵉ édition), Marc Filterman, Carnot, 2002.

– *Chemtrails - Les Tracés de la mort*, Nenki, Louise Courteau, 2003.

– *Chemtrails Confirmed*, William Thomas, Bridger House Publishers, 2004.

– *Chemtrails Confirmed*, William Thomas, Bridger House Publishers, 2004.

– *The Wizard of Sun City*, Garry Jenkins, Thunder's Mouth Press, 2005.

– *Vedic Meteorology*, Dr Ravi Prakash Arya, Indian Foundation for Vedic Science, 2006.

– *Weather Warfare*, Jerry E. Smith, Adventures Unlimited Press, 2007.

– *L'Arme environnementale*, Patrick Pasin, deuxième édition, Talma Studios, 2020.

 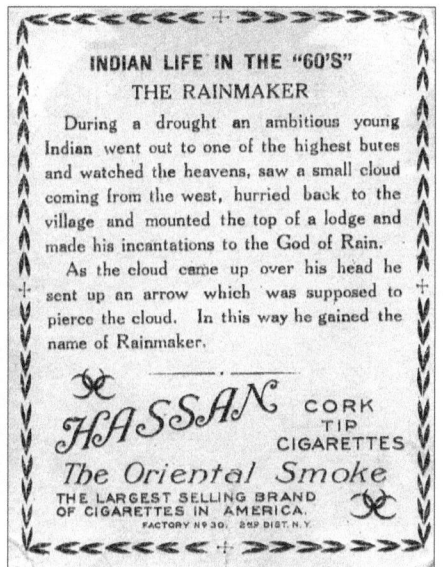

Collection de l'auteur

www.ingramcontent.com/pod-product-compliance
Lightning Source LLC
Chambersburg PA
CBHW030037100526
44590CB00011B/242